U0353371

青海三江源生态系统价值与可持续发展

绿水青山就是金山银山

姚红义◎著

Qinghai Sanjiangyuan Eco-system's Value and Sustainable Development

Lucid Waters and Lush Mountains are Invaluable Assets

北 京

图书在版编目（CIP）数据

青海三江源生态系统价值与可持续发展：绿水青山就是金山银山 / 姚红义著 . --北京：中国经济出版社，2023. 4

ISBN 978-7-5136-7266-5

Ⅰ. ①青… Ⅱ. ①姚… Ⅲ. ①生态环境-可持续发展-青海 Ⅳ. ①X321. 244

中国国家版本馆 CIP 数据核字（2023）第 050526 号

组稿编辑　葛　晶
责任编辑　冀　意
责任印制　马小宾
封面设计　久品轩

出版发行　中国经济出版社
印 刷 者　河北宝昌佳彩印刷有限公司
经 销 者　各地新华书店
开　　本　710mm×1000mm　1/16
印　　张　14
字　　数　211 千字
版　　次　2023 年 4 月第 1 版
印　　次　2023 年 4 月第 1 次
定　　价　88. 00 元
广告经营许可证　京西工商广字第 8179 号

中国经济出版社 **网址** www. economyph. com **社址** 北京市东城区安定门外大街 58 号 **邮编** 100011
本版图书如存在印装质量问题，请与本社销售中心联系调换（联系电话：010-57512564）

前言

“虽然我们可能已经疏远了大自然，但是现在我们还是完全依赖自然界为我们所提供的各种服务。”“如果我们对这些生命支持系统进行严重的干预，就可能引起人类疾病以及作物病虫害的暴发，从而给人类自身带来巨大的痛苦，并造成严重的经济损失。”①

如果没有自然生态系统提供的服务和支持，人类社会的生存和发展都将是不可持续的。自然生态系统一方面为人类的生存直接提供各种物质产品，另一方面在为人类的生存与发展提供良好的生态环境方面发挥着生命支持系统的作用。生态系统对于人类的生存与发展具有不可替代的作用，其提供服务的数量和质量决定了人类生存的质量与进一步发展的基础。

青海三江源自然保护区生态系统不仅为当地社会经济发展提供着各种有形与无形、物质与精神的服务，而且其较强的正外部影响也越来越受到重视。三江源自然保护区地理位置特殊，生态地位突出，是我国江河中下游地区和东南亚区域生态环境安全及经济社会可持续发展的重要生态屏障，国家历来高度重视该地区的生态保护和建设，先后批准实施了青海三江源生态保护和建设一期、二期工程，青海三江源国家生态保护综合试验区，并在此基础上编制实施了《三江源国家公园体制试点方案》和《三江源国家公园总体规划》，这为三江源地区生态系统功能的恢复创造了有利条件。“三江源是长江、黄河、澜沧江的发源地，是中国淡水资源的重要补给地，是高原生物多样性最集中的地区，是亚洲乃至全球气候变化的敏

① 赵士洞，张永民，赖鹏飞，译．千年生态系统评估报告集（一）［M］．北京：中国环境科学出版社，2007.

感区和重要启动区。特殊的地理位置、重要的生态功能使其成为青藏高原生态安全屏障的重要组成部分，在全国生态文明建设中具有特殊重要地位，关系到全国的生态安全和中华民族的长远发展。”①

2016 年习近平总书记视察青海时指出：“青海最大的价值在生态、最大的责任在生态、最大的潜力也在生态。”因此，通过生态系统与人类社会体系之间建立沟通桥梁，明确青海三江源自然保护区“绿水青山”价值几何，并以此认识为基础，了解并掌握三江源地区生态产品可持续服务和供给能力，扛起生态保护之责，探求人与自然、人与环境共生、共荣，和谐相处之道。

① 国家发展改革委关于印发青海三江源生态保护和建设二期工程规划的通知（发改农经〔2014〕37 号）[EB/OL].（2014-01-08）. http：//njs. ndrc. gov. cn/gzdt/201404/t20140411_ 606746. html.

目录

可持续发展篇

保护与建设篇

第一章

导论

一、三江源概述

三江源位于世界屋脊青藏高原的腹地，地处我国青海省南部，所以又称青海三江源，因是长江、黄河和澜沧江的发源地而得名。在环境保护和生态建设日益受到国家和政府重视的今天，围绕青海三江源区生态环境的保护政策和措施也在不断推出。2005 年国务院批准实施《青海三江源自然保护区生态保护和建设总体规划》；2011 年国务院又批准实施《青海三江源国家生态保护综合试验区总体方案》；2014 年国家发展和改革委员会印发《青海三江源生态保护和建设二期工程规划》；2016 年国务院办公厅印发《三江源国家公园体制试点方案》。可以看出，自三江源自然保护区建立以来，关于青海三江源的称谓有多种：三江源、三江源地区、三江源自然保护区、三江源国家生态保护综合试验区、三江源国家公园等，称谓虽有些区别，但实际上都是围绕长江、黄河和澜沧江发源地所在区域，只是范围有些不同。

三江源地区本是一个自然概念，泛指我国长江、黄河和澜沧江的源头及周边地区，随着国家出台针对三江源地区的生态保护规划和方案，明确了是以行政区域划分三江源发源地及其周边管辖区域。按照《青海三江源自然保护区生态保护和建设总体规划》一期工程划定的区域范围，主要包括青海省玉树藏族自治州和果洛藏族自治州全境以及海南藏族自治州和黄南藏族自治州部分县，还有海西蒙古族藏族自治州格尔木市属的唐古拉山镇，共 16 个县，总面积 15. 23 万 km^2，占三江源地区总面积的 42%。《青海三江源国家生态保护综合试验区总体方案》（以下简称《总体方案》）实施面积更广，相对于一期工程的总体规划，二期工程涉及的行政区域由原来的16个县增加到21个县（新增海南州共和、贵德、贵南3县和黄南州同仁、尖扎2县），面积由原来的15.23万 km^2 增加到39.5万 km^2，占青海省总面积的54.6%。《青海三江源生态保护和建设二期工程规划》规划范围与《总体方案》区域一致。2016年《三江源国家公园体制试点方案》涉及的区域总面积12.31万 km^2，集中于长江、黄河和澜沧江源头地区，包括玉树州治多县和曲麻莱县的长江源区，杂多县的澜沧江源区以及果洛州玛多县的黄河源区。

依照《青海三江源生态保护和建设二期工程规划》界定，三江源是指“青海省玉树藏族自治州、果洛藏族自治州、海南藏族自治州、黄南藏族自治州全部行政区和格尔木市属的唐古拉山镇，总面积达39.5万 km^2 的三江源头区域”。该区域面积占青海省总面积的一半以上。①

三江源地区特殊的地理位置、丰富的自然资源和生态功能构成了我国青藏高原生态安全屏障的重要组成部分。国家历来高度重视该地区的生态保护和建设，先后批准实施了青海三江源生态保护和建设一期、二期工程，青海三江源国家生态保护综合试验区，并在此基础上编制实施了《三江源国家公园体制试点方案》和《三江源国家公园总体规划》，这为改善和加强三江源地区的管理提供了良好的开端。随着生态文明理念日益深入人心，在生态文明建设力度日渐加大的新时期，三江源也越来越受到世人关注。

二、三江源自然保护区概况

青海三江源自然保护区位于我国青藏高原腹地、青海南部，地理位置为东经89°24′~102°27′，北纬31°39′~37°10′，区域土地总面积为39.5万 km^2，占青海省总面积的54.6%。三江源地区西南部主要与西藏自治区接壤，东南与四川和甘肃两省毗邻，北以海西蒙古族藏族自治州、海北藏族自治州、西

① 资料来源于《青海三江源生态保护和建设二期工程规划》。本书在生态系统服务功能价值评价时多倾向于自然保护区或生态保护区的称谓，在探讨生态可持续服务与发展时多称三江源地区或三江源区，虽然称谓上略有些差别，实际指同一区域。

宁市和海东地区为邻。三江源是全球闻名的大江大河——长江、黄河和澜沧江的发源地，“三江源”因此得名。

2014 年，《青海三江源生态保护和建设二期工程规划》的地域范围有所扩大，与一期工程规划相比，将海南藏族自治州和黄南藏族自治州全境并入，整个源区共 158 个乡镇、1214 个行政村（含社区）。三江源海拔在 3335～6564m，是青藏高原的主体和腹地，山脉绵延、地势高耸、地形复杂，以高山地貌为主。主要地貌是海拔 4000～5800m 的高山，主要山脉为唐古拉山、东昆仑山、巴颜喀拉山及其支脉阿尼玛卿山。三江源中西部和北部呈山原状，为高寒草甸区，因冰冻期较长、排水不畅，形成了大面积沼泽湿地；东南部为高山峡谷地带，河流切割强烈，地形破碎，地势陡峭，有片状原始森林分布；东北部黄河干流自兴海县唐乃亥以下，地势趋于平缓，峡谷、盆地、湿地、阶地相间，水热条件较好（数据来源于《青海三江源生态保护和建设二期工程规划》）。

（一）经济社会发展

改革开放尤其是西部大开发之后，与青海其他地区一样，三江源自然保护区所在地区的经济社会发展较快，经济实力显著增强。2011—2020 年，三江源地区生产总值由 2011 年的 197.39 亿元增长到 2020 年的 379.27 亿元，增加了 181.88 亿元，增长了 92.14%，年均增速 7.85%。同期青海全省的生产总值由 1670.44 亿元增长到 3005.92 亿元，增加了 1335.48 亿元，增长了 79.95%，年均增速 6.87%。比较全省经济发展可看出，三江源地区生产总值增长速度超过了青海省的增速，在三江源推进生态保护和建设工程期间的经济增长速度也取得了较好的成绩（见图 1-1）。

三江源地区特殊的地理位置与长期社会经济发展基础决定了其明显的自然进化特征，经济依然属于传统的畜牧业为主的发展模式，原生畜牧业占有相当比重。从产业结构来看，第一产业所占比重仍然较大。随着国家和地方政府在资金和政策上的扶持，地区经济发展观念转变，资源优势得到不断挖掘，以第一产业为基础的畜产品加工等轻工业比重稳步增加，第三产业比重也在不断上升（见表 1-1）。

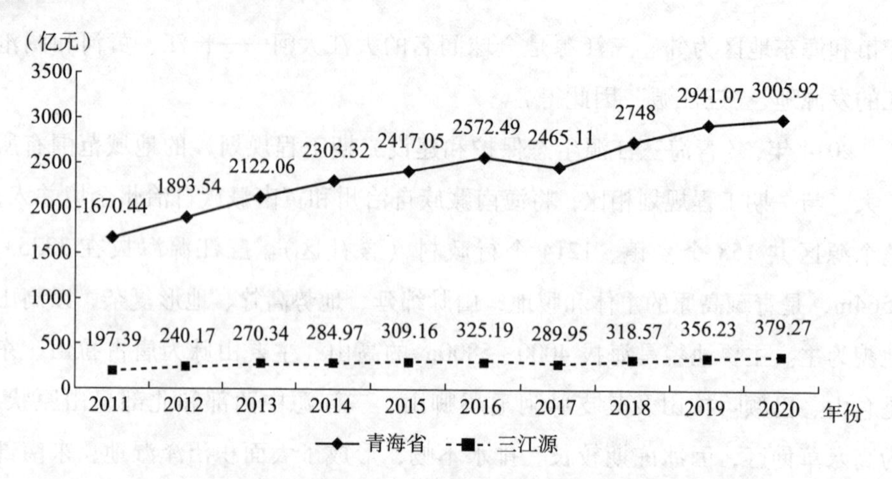

图 1-1　三江源地区生产总值和青海省地区生产总值的对比

表 1-1　2011—2020 年三江源地区与青海省三次产业占比

年份	区域	第一产业（%）	第二产业（%）	第三产业（%）
2011	三江源	31.50	40.38	28.12
	青海省	9.30	58.40	32.30
2012	三江源	29.68	42.65	27.67
	青海省	9.30	57.70	33.00
2013	三江源	29.63	42.25	28.12
	青海省	9.60	54.30	36.10
2014	三江源	29.10	40.15	30.75
	青海省	9.40	53.60	37.00
2015	三江源	26.66	42.87	30.47
	青海省	8.64	49.95	41.41
2016	三江源	26.00	42.23	31.77
	青海省	8.60	48.59	42.81
2017	三江源	29.08	40.99	60.17
	青海省	9.67	39.58	50.75
2018	三江源	24.06	40.96	60.72
	青海省	9.76	39.80	50.44
2019	三江源	23.48	38.23	64.14
	青海省	10.26	39.23	50.50
2020	三江源	23.93	36.28	63.91
	青海省	11.12	38.04	50.84

随着西部大开发的深入推进，特别是近几年来国家加大了支持藏区的发

展力度，地区经济增长得到快速发展。2020 年，三江源地区人均可支配收入为 18827.75 元，相比 2011 年增长了 157.32%；人均生活支出为 12071.5 元，比 2011 年增长了 127.37%。同期青海省人均可支配收入为 24037 元，同比增长了 139.65%；人均生活支出为 18284 元，同比增长了 102.37%。收入和支出水平的不断增长也表明，三江源区生态保护和建设力度的加大并没有降低源区居民生活水平。数据显示，2011—2020 年三江源地区人均可支配收入和人均生活消费支出增长速度均高于青海全省的平均水平（见图 1-2、图 1-3）。

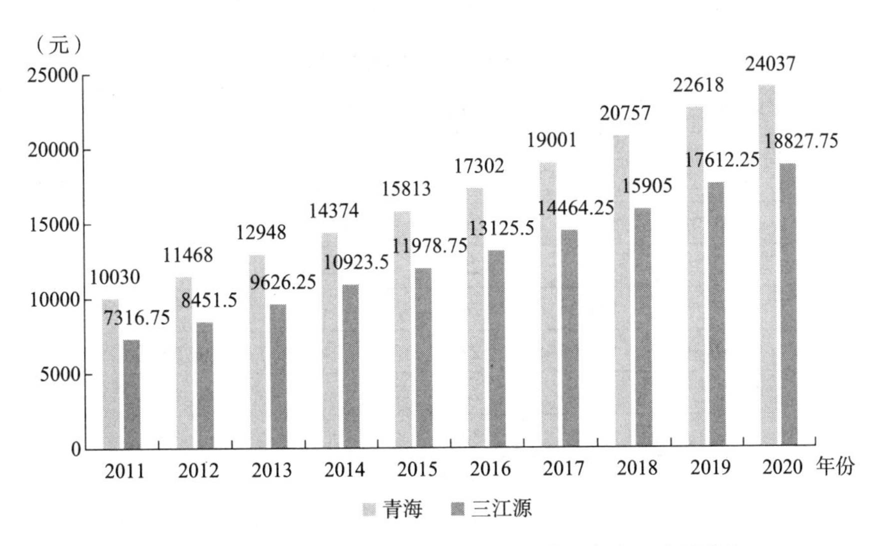

图 1-2　2011—2020 年青海省和三江源地区人均可支配收入

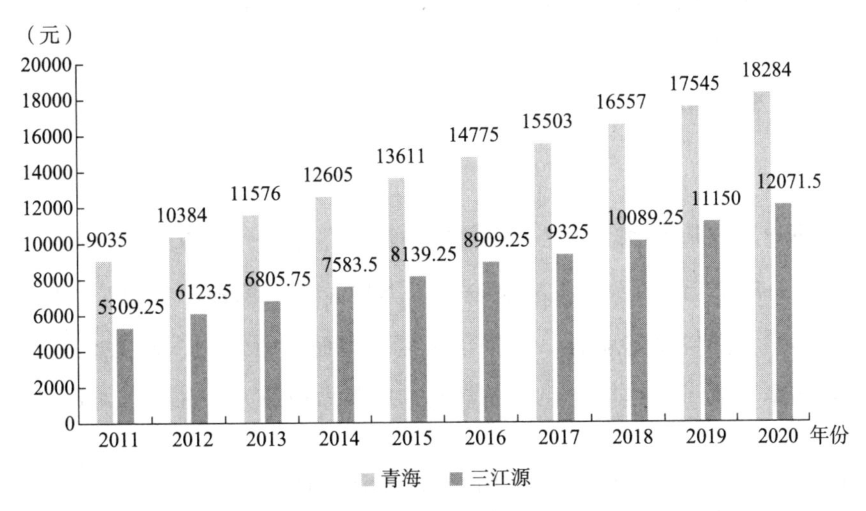

图 1-3　2011—2020 年青海省和三江源地区人均生活消费支出

2020年三江源地区总户数达47.55万户，总人口为136.43万人，占全省总人口数的23.16%。其中：农村人口100.74万人，占总人口数的73.84%，城镇人口35.69万人，占总人口数的26.16%。男性人数占总人数的50.05%，女性人数占总人数的49.95%。三江源地区人口由藏族、土族、撒拉族、回族、汉族和蒙古族等民族构成，绝大多数为藏族。三江源地区人口2011—2020年净增9.29万，占地区总人口的2.85%（见表1-2）。人口的增加无形中带来人口与资源、环境和发展之间的矛盾加剧。

表1-2　2011—2020年三江源地区人口数量

年份	总户数（万户）	总人口（万人）	城镇人口（万人）	农村人口（万人）	男（万人）	女（万人）
2011	38.64	127.14	25.21	101.93	63.87	63.27
2012	38.90	130.03	26.34	103.70	65.30	64.73
2013	40.03	131.92	28.31	103.61	66.22	65.70
2014	41.48	134.25	28.87	105.38	67.15	67.10
2015	41.69	132.65	27.98	104.68	66.70	65.96
2016	41.73	135.08	28.44	106.64	67.86	67.23
2017	44.03	133.55	30.81	102.74	67.62	65.93
2018	44.02	134.65	31.79	102.86	67.00	67.65
2019	44.34	136.05	34.72	101.33	68.09	67.96
2020	47.55	136.43	35.69	100.74	68.28	68.15

资料来源：根据《青海统计年鉴》（2020）整理，其中人口数量的统计口径为户籍人口。

（二）生态环境

1. 地表覆盖

根据青海省基础地理信息中心提供的数据，青海三江源生态保护区土地总面积3887.12万hm^2。[①] 源区地表覆盖类型主要有草地、林地、水域、耕地、园地、荒漠与裸露地表、房屋建筑区、路面、构筑物、人工堆掘地等。地表覆盖中草地（天然草地和人工草地）覆盖面积最大，占比达到80.56%；

① 青海省基础地理信息中心遥感卫星数据显示，三江源区域面积3887.12万hm^2，由于地界原因，与《青海三江源生态保护和建设二期工程规划》的保护区土地总面积3950万hm^2有微小差异。

水域和林地占10.97%；荒漠与裸露地表占7.79%；其他占0.68%。

2. 生态类型

三江源区依靠自然调节能力维持的相对稳定的自然生态系统类型主要有草原生态系统、森林生态系统、冻原生态系统、荒漠生态系统、河湖沼泽生态系统等。人工生态系统主要包括农田生态系统、城镇生态系统、人工林生态系统等。

3. 生态资源及特征

生态系统组成的环境和各种自然资源，包括水资源、土地资源、生物资源以及气候资源。三江源气候属高原山地气候，冷暖交替、干湿分明、水热同期，年较差小、日较差大。“区内气候具有气温低（年平均温度-10.0℃~-4.1℃）、降水少（年降水量173.0~494.9mm）、风速大（年平均风速5~8m/s）的特点。”“保护区太阳辐射强烈，日照时间长。年总辐射量在5600~6300MJ/m^2。”①

长江、黄河、澜沧江三条江河在区内多年平均径流量达到499亿m^3，其中长江184亿m^3，黄河208亿m^3，澜沧江107亿m^3。区内湖泊众多，主要分布在黄河、长江源头地区，以淡水和微咸水湖居多。雪山、冰川总面积约49.17万hm^2，沼泽与河流、湖泊湿地418.44万hm^2。

三江源动植物区系和湿地生态系统独特，是青藏高原珍稀野生动植物的重要栖息地和生物种质资源库。植被类型有灌木、沼泽、草甸、水生植被及草地、阔叶林、针叶林、针阔混交林、垫状植被和稀疏植被9个植被型，植物生活型以草本植物居多。

三江源野生动物分布形态属“高地型”，以青藏类为主。区内有国家重点保护动物69种，其中国家一级重点保护动物有藏羚、野牦牛、雪豹等17种。国家二级重点保护动物有岩羊、藏原羚等52种。另外，还有省级保护动物艾虎、沙狐、斑头雁、赤麻鸭等32种。三江源是世界高海拔地区生物多样性最集中的自然保护区，自然生态系统大多还保持原始的状态（以上数据来自

---

① 《三江源自然保护区生态环境》编委会．三江源自然保护区生态环境［M］．西宁：青海人民出版社，2002.

《青海三江源生态保护和建设二期工程规划》）。

三江源地区草地广袤，连绵无垠。三江源地区共有沙化土地面积 312.9 万 hm^2，占规划区总面积的 7.92%，主要分布在玉树州的治多县、曲麻莱县，果洛州的玛多县、玛沁县，海南州的共和县、贵南县，黄南州的泽库县等。

根据青海省基础地理信息中心提供的数据，三江源生态保护区林地分乔木林、灌木林、乔灌混合林、疏林、人工幼林、稀疏灌草丛和绿化林地。林地总面积 264.298hm^2，其中乔木林 35.3726hm^2，灌木林 225.1024hm^2，乔灌混合林 1.204hm^2，疏林 1.4716hm^2，人工幼林 0.6591hm^2，稀疏灌草丛 0.4619hm^2，绿化林地 0.0264hm^2。灌木林和乔木林（针叶林、阔叶林和针阔混交林）面积 260.475hm^2，占整个林地比重 98.55%，基本构成源区林地主体。①

据全国第二次湿地资源调查数据（2014 年 1 月 13 日，国家林业局），三江源地区湿地总面积 418.44 万 hm^2，其中河流湿地 59.14 万 hm^2，湖泊湿地 87.76 万 hm^2，沼泽湿地 267.1 万 hm^2，水库池塘 4.44 万 hm^2。

4. 生态环境质量

根据《2014 年全国生态环境质量报告》（中华人民共和国环境保护部，2015），青海省生态环境状况总体和北京、天津、河北、山西、内蒙古、山东、西藏、甘肃和宁夏共 10 个省（自治区、直辖市）处于“一般”水平。从县域范围看，青海三江源区生态环境质量以“良”和“一般”为主。从生态环境分类指数状况看，青海三江源区生物丰度指数（0~20 为差；20~35 为较差；35~55 为一般；55~75 为良；75~100 为优。以下植被覆盖指数和水网密度指数同）以“一般”为主，唐古拉山镇“较差”；植被覆盖指数“良”“一般”“较差”大体持平，唐古拉山镇“较差”；水网密度指数处于“差”和“较差”；土地胁迫指数（0~10 为低；10~20 为较低；20~40 为一般；40~60

① 林地面积数据来自青海省基础地理信息中心（2015 年），总面积 264.298hm^2 与《青海三江源生态保护和建设二期工程规划》的林地面积 223.16 万 hm^2 有一定的差距。本研究价值评价林地面积采用青海省基础地理信息中心数据。

为较高；60~100 为高）除唐古拉山镇处于“一般”外，大体为“土地胁迫低”等级；污染负荷指数（0~2.6 为低；2.6~9.7 为较低；9.7~27.6 为一般；27.6~61.3 为较高；61.3~100 为高）全部处于“污染负荷低”水平。①

从生态环境状况变化看，三江源区内除了玉树州杂多县和海南州兴海县明显变差外基本无明显变化。生态环境分指数状况变化除植被覆盖指数略微变差、水网密度指数略微变好外，其他基本无明显变化（生物丰度指数、土地胁迫指数、污染负荷指数）。

从青海省基础地理信息中心得到的遥感监测结果显示，通过对连续多年的三江源草原植被盖度数据做对比，明显变差的区域占 2.26%，轻微变差的区域占 17.69%，基本稳定的区域占 64.16%，轻微好转的区域占 13.92%，明显好转的区域占 1.97%。从遥感监测数据可以看出，三江源保护区环境质量仍待改善，生态保护和建设力度不能减弱。

由于近几年全球变暖致使青藏高原地区平均气温有所升高，导致雪山冰川融化，面积明显下降，加上降雨量增多，源区水体湿地面积有所增加。短期看虽然会带来水域面积的增长，有利于源区草原等植被生长，生态环境看起来有所改善，但是长远看并非如此。雪山冰川是源区江河源头涓涓细流汇成大江大河的摇篮，雪山冰川的消融带来的长期隐患应当引起足够重视。

（三）自然保护区设定

三江源地区特殊的地理位置、丰富的自然资源和生态功能构成了我国青藏高原生态安全屏障的重要组成部分，在推行生态文明建设实践中具有重要地位，也关系到全国的生态安全和中华民族的长远发展。

2003 年，国务院正式批准青海建立三江源国家级自然保护区，保护区面积为 15.23 万 km^2。2005 年，国家总投资 75 亿元开始了为期十年的三江源自然保护区一期建设。

2011 年 11 月 16 日，《青海三江源国家生态保护综合试验区总体方案》开始实施。根据该总体方案界定，青海三江源国家生态保护综合试验区涉及的

① 根据中华人民共和国环境保护部《2014 年全国生态环境质量报告》数据整理所得。

行政区域由原来的16个县增加到21个县（新增海南藏族自治州的共和、贵德、贵南3县和黄南藏族自治州的同仁、尖扎2县），以及格尔木市管辖的唐古拉山镇，总面积达到39.5万km^2，比一期建设工程设计面积增加近1.6倍，新规划区约占青海省总面积的54.6%。

2013年12月18日国务院常务会议通过《青海三江源生态保护和建设二期工程规划》，将治理范围从15.2万km^2扩大至39.5万km^2，以保护和恢复植被为核心，将自然修复与工程建设相结合，二期规划的重点保护和建设任务相继开展。

2014年，三江源国家生态保护综合试验区二期建设工程启动。

2016年，国务院办公厅印发《三江源国家公园体制试点方案》，拉开了我国第一个也是世界最大国家公园的建设序幕。

2018年1月26日，国家发改委公布《三江源国家公园总体规划》。三江源国家公园试点区域总面积12.31万km^2，整个公园由长江源头区、黄河源头区和澜沧江源头区组成，涉及治多、曲麻莱、玛多、杂多4县和可可西里自然保护区管辖区域，共12个乡镇、53个行政村，是三江源地区最为核心的生态保护和建设区域。三江源国家公园体制试点以来，三江源区生态保护和恢复成效日益显现，环境质量持续提升，生态功能不断强化。

2021年10月三江源国家公园正式设立。

从2005年三江源生态保护建设一期、二期工程先后实施以来，“三江源地区草原植被盖度提高约2个百分点；森林覆盖率提前完成2020年规划目标，由4.8%提高到7.43%；可治理沙化土地治理率提高到47%。三江源地区水域占比由4.89%增加到5.70%，封禁治理湿地9.16万hm^2，年平均出境水量比2005—2012年增加59.67亿m^3，地表水环境质量为优，监测断面水质在Ⅱ类以上。”“藏羚、普氏原羚、黑颈鹤等珍稀野生动物种群数量逐年增加，生物多样性逐步恢复。”①

三江源生态保护和建设工程的深入推进，将在构建科学的生态保护管理

① 青海省发改委．三江源二期中期评估结果公布，三江源地区生态系统退化趋势得到初步遏制[EB/OL]. http://www.qhfgw.gov.cn/snxx/201804/t20180416_726922.shtml.

体制，深化保护与发展命题研究，探索人与自然和谐发展模式，实现三江源重要自然资源国家所有、全民共享、世代传承，筑牢国家重要生态安全屏障等方面，为全球生态安全做出重要贡献。

三、主要内容

本书内容分为价值篇、可持续发展篇及保护与建设篇。价值篇共六章，主要从生态价值理论基础与相关研究综述出发，进行三江源保护区生态系统服务功能总经济价值评价与估算。生态价值评价选取源区草地、水体湿地和森林三类典型生态系统为对象，草地生态系统和水体湿地生态系统采用生态系统服务功能价值评价的实物量法进行价值估算与评价，森林生态系统采用当量因子法进行价值估算与评价。生态系统总经济价值着重从其生态服务功能的使用价值和非使用价值两方面进行评价与估算。以三江源整体生态系统为对象，非使用价值采用意愿调查法（CVM），即通过网络问卷调查形式，在假想情况下，直接调查和询问人们对青海三江源区的生态改善和永续存在的支付意愿（WTP），并且以人们的支付意愿来估计源区生态系统存在价值、选择价值和遗产价值。价值篇最后，总结三江源三类典型生态系统服务功能价值构成及特征，并对生态价值评价方法的应用进行了分析。

可持续发展篇共有四章内容。基于可持续发展相关理论与研究方法，一是采用生态足迹模型，探讨三江源地区生态安全和生态压力，以及经济生态可持续发展问题；二是尝试利用线性规划模型进行生态资源结构优化分析，即以三江源生态系统服务功能价值最大化为目标，尝试利用线性规划模型进行源区生态资源结构的优化分析。以生态价值最大化为目标从短期和长期角度探讨三江源区生态资源（生态系统占用的生态性土地面积）调整和变动方向，增强源区生态产品服务和供给。本篇最后总结三江源地区经济生态可持续发展主要结论，并对加强三江源地区生态环境保护和促进经济社会可持续发展提出了思考和建议。

保护与建设篇共两章内容，简要概括了青海省三江源自然保护区从一期建设、二期建设和国家公园试点管理体制以来取得的成效。从三江源生态环境保护全国性问卷来看，只听说过和从未听说过三江源的比例达到25.58%，这个数据还是在被调查者中青海居民占比近六成的基础上得到的，所以，提升全国人民对中华民族伟大母亲河发源地的关注度和认识度仍然是一个很现实的难题。保护与建设篇的目的是期望更多的人了解并认识青海三江源，也能看到三江源当地人在保护长江、黄河源头生态环境中所付出的努力和取得的成绩，期待更多人能为三江源的生态环境保护工作尽一份力。

价值篇

生态系统服务价值理论开创了人们对价值认知的新领域。绿水青山就是金山银山，草地、水体湿地、森林等生态系统是三江源陆地生态系统的重要组成部分，其生态系统服务功能价值的合理评价对青海实施“生态立省”战略、加强自然生态保护区建设、推行生态系统资产化管理和生态服务有偿使用、提升三江源生态可持续服务能力、实现人与自然和谐共处具有积极意义。

本篇为报告的生态价值评价与估算内容，共有六章。第二章探讨生态（环境）价值理论的渊源和综述相关研究成果；第三章、第四章和第五章分别对三江源自然保护区草地、水体湿地和森林三种典型生态系统的生态系统服务功能价值展开评价，估算各类生态系统功能使用价值；第六章将三江源生态保护区生态系统作为整体展开价值评价，估算其蕴含的生态功能非使用价值；第七章总结价值篇评价估算结果，给出三江源区生态系统服务功能总经济价值、各类型生态功能价值以及多种价值构成等。

第二章

生态（环境）价值理论基础

一、几个重要概念

（一）生态与环境

“生态”一词源于古希腊语，原是指一切生物的状态，以及不同生物个体之间、生物与环境之间的关系。德国生物学家 E. 海克尔于 1869 年提出生态学的概念，认为它是研究动物与植物之间、动植物及环境之间相互影响的一门学科。人们后来提及生态术语时所涉及的范畴也越来越广，现在“生态”一词的使用范围有逐渐扩大的趋势，泛指事物的生存和发展的状态，也包括与环境之间的相互关系。一般来看，现在常用“生态”一词来代表人们希望的一种美好状态。比如生态城市、生态乡村、生态食品、生态旅游，还有生态文明等提法。

生态环境实际上是“生态”和“环境”两个不同名词组合在一起的称谓。简单来说，生态就是指一切生物的生存状态，讲生态就离不开环境，谈环境自然与生态密不可分。环境是一个区域、空间概念，它总是相对于某一中心事物而言的，以中心事物的不同而区别于其他各类环境。比如人，人类社会以自身为中心，环境可以理解为人类生活的外在载体或围绕着人类的外部世界。用科学术语表述，就是指人类赖以生存和发展的物质条件的综合体，实际上是人类的环境。以生物为中心则代表了各种生命体生命进程中形成的相互作用、相互影响的复杂综合体，如生态环境。所以，生态与环境既有区别又有联系。生态偏重生物与其周边环境的相互关系，更多地体现出系统性、整体性、关联性，而环境更强调以中心事物发展为特定对象的外部因素。人类的环境，就是以人的发展为中心的所有外部因素的综合，更多地体现为人类社会的生产和生活提供的广泛空间、丰富资源和其他必要的外部条件。[①]

《中华人民共和国环境保护法》对环境下了定义："本法所称环境是指影响人类生存和发展的各种天然的和经过人工改造的自然因素的总体，包括大气、水、海洋、土地、矿藏、森林、草原、野生生物、自然遗迹、人文遗迹、风景名胜区、自然保护区、城市和乡村等。"从这个法律角度的环境定义可以看到，谈论环境时一般包含处于环境中的各种天然的和经过人工改造的自然因素，这样看，环境和生态的意思就颇为接近了。从环境经济学、生态经济学和资源经济学的研究重点也可以明确生态与环境的关系。关于这三者的关系，其实在学术界也没有形成统一的认识，可以认为它们的研究对象是相同的，只是名称不同而已。当然就具体研究领域来看，也是有差别的。一般讲生态经济学重点关注的是环境中的生态系统，遵循生态规律下经济发展的科学，而环境经济学强调的是利用环境经济规律来保护环境、合理利用环境资源问题，资源经济学则更具体于生态环境中资源开发利用时所产生的经济问题。所以，三者研究的对象和内容至少是有很大的重合，联系密切。

很多情况下，生态和环境所代表的含义就是同一个意思，并没有严格的区分。本书对于"生态"和"环境"也没有严格区分。

（二）生态系统

1935年英国生态学家亚瑟·乔治·坦斯利提出生态系统的概念，此后许多生态学家对生态系统含义都进行了解释。2001年6月5日启动的联合国"千年生态系统评估"（Millennium Ecosystem Assessment，MEA）项目形成的研究中对生态系统（Ecosystem）定义："生态系统是由植物、动物和微生物群落，以及无机环境相互作用而构成的一个动态、复杂的功能单元。"[②] 可以看出，生态系统是指在自然界的一定空间范围内，生物与环境之间构成的相

---

① 引自360百科：生态环境。

② 赵士洞，张永民，赖鹏飞，译. 千年生态系统评估报告集（一）［M］. 北京：中国环境科学出版社，2007.

互交错、相互影响、相互制约的开放的统一整体。从生态学角度来看，在这个系统中，各种生物体与环境之间基础物质（水、无机盐、空气、有机质、岩石等）和能量不断循环，构成了一个具有一定结构和功能的有机整体。简单讲，生物与环境构成了一个不可分割的整体，这个整体就是生态系统。

根据中心事物的不同，生态系统有许多分类，如陆地生态系统和水域生态系统，在陆地生态系统中，又可以分为森林、草原、荒漠、湿地以及农田生态系统等；海洋生态系统和淡水生态系统等又组成了水域生态系统。Costanza 等（1997）将全球生物圈分为海洋、沙漠、农田、沼泽、城市等 16 种生态系统类型。我国学者更多是根据中国地理实际情况，将中国生态系统分为森林、草地、农田、湿地、水体和荒漠 6 类。本研究中的生态系统特指青海三江源生态保护区草地、森林和水体湿地生态系统。

（三）生态功能

国际生态经济学学会的主要创建者之一，美国著名的生态经济学家赫尔曼·E. 戴利把生态系统功能解释为："我们把生态系统中那些自然发生的现象称为生态系统功能，包括能量转换、养分循环、空气调节、气候调节以及水循环等。"① 根据赫尔曼的定义，生态功能是生态系统在其能量流动和物质流动的自然运动过程中，对外部尤其是人类活动显示出的重要作用。例如，茂密的森林不仅能为人类生产生活提供有用的木材、林产品，还能改善环境质量，防止旱涝灾害，净化水源水质，提供休闲场所等。除了森林外，几乎所有的生态系统都为人类提供了生存必需的食物、水源、药品以及工农业生产的原料等产品，而且还提供和维持了人类赖以生存和发展的生命保障系统。

（四）生态系统服务

在生态系统功能基础上，美国生态经济学家赫尔曼还解释说，对人类具有价值的生态系统功能称为生态系统服务。生态系统在其物质和能量流动的自然过程中，对人类生产和生活带来了显著的影响。那些自然发生的包括能

① ［美］赫尔曼·E. 戴利，乔舒亚·法利. 生态经济学：原理和应用（第二版）［M］. 金志农，等，译. 北京：中国人民大学出版社，2013：89.

量转换、养分循环、空气调节、气候调节以及水循环等“生态系统功能”带来的“生态系统服务”体现出人类与生态系统之间密切的关系，生态系统形成并维持了人类赖以生存和发展的环境条件与效用。简单讲就是指，人类生存与发展所需要的资源以及更进一步的生命维系，归根结底都来源于自然生态系统。MEA认为，自然界提供的服务是我们维系生命不可或缺的东西，这些服务包括为人类提供食物、淡水、药材、木材、天然纤维等生存必需品，更重要的是生态系统为人类提供意义更大的服务：调节地球——自然是生命的支持系统。这些支持系统所体现的服务价值包括调节空气质量、水流以及气候，减缓温室效应，抵御自然灾害，防止水土流失、山体滑坡，过滤污染，提供休闲娱乐场所等。

（五）生态系统服务价值

自然生态系统不仅可以为人类的生存直接提供各种食物、淡水和原材料，而且在更大尺度的空间范围内具有气候气体调节、污染物和废弃物处理净化、水文调节和水源涵养、防止土壤流失、保护和维持生物多样性、减轻自然灾害等服务功能，为人类的生存和发展提供间接经济效益，进而为人类的生存与发展提供了良好的外部环境。生态系统生产的产品和功能统称为生态系统服务，所以，生态系统服务和生态功能或产品所表达的意思是一样的，也就是说，生态系统功能与生态系统服务具有同样的含义。从生态系统功能到功能所体现出的服务，就是生态系统服务功能。MEA将生态系统服务定义为：生态系统服务是指人类从生态系统获得的各种惠益。① 显然这些惠益包括来自各个方面的收益，既有直接效益，也有间接获得的效益。生态系统提供给人类的直接效益就是为人们提供了各种食物、原料和淡水等资源性产品，间接效益就是生态系统在空间范围内提供的气体气候调节、净化环境和废弃物吸纳处理、保护和维持生物物种多样性等生态服务功能，此外，还为人们提供精神和文化上的娱乐享受和美学科研等服务。人类从生态系统获得的各种有形无形的收益（惠益）就是其生态服务功能的价值表现。所以，生态系统服

① 赵士洞，张永民，赖鹏飞，译．千年生态系统评估报告集（一）[M]．北京：中国环境科学出版社，2007：C3.

务功能价值也可以表述为生态系统服务价值，或更直接地讲，就是生态价值。

联合国环境规划署（UNEP）编写的《生物多样性国情研究指南》（1993）中将生物多样性价值分为：显著实物形式的直接价值、无显著实物形式的直接价值、间接价值、选择价值、消极价值。国家科委（1994）将生态环境价值分为使用价值和非使用价值，并提到选择价值和存在价值的概念。1998年国家环保总局出版的《中国生物多样性国情研究报告》中，将生物多样性总经济价值分为三个方面：①使用价值（即被人类作为资源使用的价值），其又分为直接和间接使用价值。其中，直接使用价值可分为消费性的价值（生物为人类提供了食物、纤维、建筑和家具材料、药物及其他工业原料）和非消费性的价值（提供人类欣赏的对象）；间接使用价值，即生态功能间接地支持和保护经济活动和财产的环境调节功能，表现为涵养水源、净化水质、巩固堤岸、防止土壤侵蚀、降低洪峰、改善地方气候、吸收污染物。②选择价值，即潜在价值，为后人提供选择机会的价值。③存在价值，即理论或者道德价值，自然界多种多样极其繁杂的物种及其系统的存在，有利于地球生命支持系统功能的保持及其结构的稳定，无论发生什么灾害，总有许多会保存下来，继续功能运作，使自然界的动态平衡不至于遭到瓦解。[①]

（六）生态系统服务价值评价

基于生态系统服务功能，对其提供的物质产品和支持服务进行价值领域的经济评价就是生态系统服务价值评价。与传统的产品和服务不同的是，生态系统所提供的服务尤其是间接服务从内容到形式几乎都完全不一样。无形的间接服务既看不见又摸不到，更重要的是其供给方式让人无从知晓，也就是说，如果你想要购买一定会让你失望，因为这类服务基本在市场上看不到，自然也就没有价格。除了一小部分如供给实物原料可以进入市场被买卖外，大多数生态服务如调节服务、文化服务和支持服务基本上无法进入市场去体现价值，这也是生态系统服务价值难以用传统的市场价值去衡量的重要原因，

---

① 百度文库．中国生物多样性国情研究报告［EB/OL］．https：//wenku. baidu. com/view/2e1be881d4d8d15abe234e1f. html.

这种情况有点像公共物品，所以生态产品具有公共物品的一些属性，即非竞争性。

欧阳志云（2010）在评价青海省社科院孙发平研究员的《中国三江源区生态价值及补偿机制研究》一书时说，“生态系统服务功能及其生态经济价值评估是将人类认识自然的成果应用于政治与经济决策的桥梁，能帮助人们认识人类的发展与生活水平的提高对生态系统的依赖性，以及生态系统破坏与退化的经济社会代价。生态系统服务功能评价与应用是当前国际生态学和相关学科研究的前沿和热点”。①

二、生态（环境）价值理论渊源与萌芽（人类价值理论的发展）

（一）劳动价值论

人类社会的基本问题是生存与发展，就是不断地用各种资源和物质产品来满足人们日益增长的需求。早期对客观世界价值的认识集中体现在对资源和物品的理解上，即价值就是物质财富。16 世纪至 17 世纪的重商主义和 18 世纪中期的重农学派是早期揭示物质财富本质及来源的思想体系。重商主义是西欧封建制度向资本原始积累的早期资本主义制度过渡时期的一种经济理论，该理论认为财富的来源在于贸易，通过贸易积累金银，金银越多财富就越多。重农学派以法国古典经济学家弗朗斯瓦·魁奈为代表，认为财富的来源不是流通而是生产，财富是物质产品。在各经济部门中，只有农业是生产的，因为只有农业产出物质产品，相应地，其产出产品的使用价值也在增加，农业中投入和产出的使用价值差额就构成了“纯产品”（纯产品学说是重农主义理论的核心）。

17 世纪中期英国学者威廉·配第开始了劳动价值理论的探索。“劳动是财富之父，土地是财富之母”是威廉·配第经济学思想的高度概括，也是其价值认识的经典描述。在《赋税论》（1662）中，威廉·配第表示主动创造财富的能力并非无限，而应该受到自然条件的制约。后来亚当·斯密对其理

---

① 欧阳志云．三江源生态问题研究的重大突破——评《中国三江源区生态价值及补偿机制研究》[J]．青海社会科学，2010（2）：201.

论进行了扬弃，第一次比较系统地阐述了劳动价值论，建立了一个比较系统的理论体系。在斯密之后的经济学家大卫·李嘉图进一步发展和完善了劳动价值论，他始终坚持商品的价值是由生产商品时所耗费的劳动决定的，进一步发展和完善了劳动价值论。后来，马克思在商品二因素与劳动二重性基础上建立了科学的劳动价值理论体系，对后世的经济、社会、文化都带来很大的影响。

科学的劳动价值论认为价值是体现在商品中的人类无差别的抽象劳动，凡是凝结着人类劳动的产品或过程，都可以有价值。随着社会生产力的不断发展，在人类利用自然为自己服务时，对自然资源和生态系统进行保护让其也参与到财富和价值的创造过程，即进入人类社会的生产和再生产过程，那么这种对自然资源和生态环境的维持和保护，使得自然生态系统便有了或凝结了无差别的人类劳动或抽象劳动，劳动的投入使得资源与环境是有价值的，这与马克思劳动价值理论的观点是相符的。

（二）效用价值论

效用即是物品的有用性，能满足人们的各种欲望，这种思想要早于劳动价值论的形成时期，古希腊思想家亚里士多德和中世纪教会思想家托马斯·阿奎那的著作中就有描述。17 世纪至 18 世纪上半期的经济学著作中已有明确表述，英国经济学家 N. 巴本曾用物品的效用来说明物品的价值。他认为凡是对人们有用，即能满足人们天生的欲望和现实需要的一切物品都是有价值的，没有用的东西自然就没有什么价值。这种朴实却相当有效的理论得到许多人的认同。

19 世纪 30 年代以后，边际效用价值论的出现使得效用理论更加丰富。19 世纪 70 年代，经奥地利的门格尔、英国的杰文斯和法国的瓦尔拉斯的“边际革命”使效用理论形成了比较完整的理论体系。与劳动价值论相对立，边际效用理论认为效用是来自人们内心的主观心理感受，每个人对物品或劳务（或者别的）都有自己的感受，如果有用的就会带来效用，这种能满足人们需要的效用就构成了物的价值。

经过 100 多年的发展，效用价值论在经济学说史上已具有相当影响力，也说明有其合理性和积极意义。人类生产和生活不可或缺的自然资源和生态环境对人类无疑具有巨大的效用，能带给人们不同的满足程度，所以它也是有价值的。

（三）环境价值理论萌芽

环境价值理论是人类价值理论的深化，研究环境资源的稀缺性与它的合理配置利用正是环境价值论建立的现实意义。实际上，早在古典经济学时期，古典经济学家们的研究视角就已经触及了这个领域，这时可以说已产生了环境价值论的萌芽。

马尔萨斯是关注自然资源稀缺性较早的经济学家，在《人口论》（1798）中提出了自然资源数量的“绝对稀缺论”，即自然资源数量的增长不及人口数量以指数形式的增长，如果不能很好地控制人口数量以便与自然资源保持合理的比例，那么最终会带来自然资源枯竭，而人类也将面临毁灭的灾难。亚当·斯密以“看不见的手”理论而享誉世界，他认为市场具有自动调节的作用，不需要政府来干预资源的配置与利用，对于自然资源同样如此。李嘉图同样认识到了人口对自然环境的压力，他把土地资源作为一个事例，提出了土地资源是“相对稀缺的”，即如果对土地进行改良，土地的生产力就会不断增长。穆勒在《政治经济学原理》（1848）中把李嘉图的相对稀缺论引申到了环境资源中，他提出自然环境除了可以为人们带来物质产品外，也会带给人们美好的心理感受，比如自然环境的景观，对人类文明的进步同样是不可或缺的。

19 世纪是工业文明占据统治地位的时代，资本唯利是图，竭尽所能地不断索取，不断扩大生产，对自然资源和生态环境也产生了极大的影响。在“改造自然、征服自然”的口号下，物质财富不断积累，资本家的利润也不断膨胀，与此同时，也相继带来了生态资源与环境方面的大量问题。马克思和恩格斯尖锐地批判了资本主义这种利己主义的价值取向，这种价值取向不仅影响到社会中人和人之间的关系，而且也破坏了人与自然的和谐相处之道。所以，马克思主义理论也蕴含着为人类未来的长期生存和发展考虑的生态价值思想，即理想的社会不仅是人与人的和谐，也包括人与自然之间的和谐，实现人与自然本质的统一。这对后来的可持续发展理念、生态环境价值理论以及生态文明伦理都产生了积极而深远的影响。

由于劳动价值论和效用价值论所处时代的局限性，人们无法对生态和环境问题有更加深刻的思考与阐述。直到20世纪中叶，环境价值论（生态价值论）才有了突飞猛进的发展，形成了环境经济学、生态经济学和资源经济学等学科，有了系统性的生态和环境价值理论。

三、生态（环境）价值理论

人类社会发展初期，生产力落后，物质资料匮乏，人类为了生存不断与自然抗争，每一次的成功都是在与自然的斗争中取得的胜利，人与自然的关系就是征服与被征服。当时，自然生态和环境问题并未引起人类的注意，其价值当然就无从谈起，人类为了生存竭尽所能开发并利用自然资源和生态环境被认为是合理的。在现代经济社会中，人类拥有的物质财富已急剧膨胀，远远超过了发展初期的水平，如果再像以前一样去“战胜自然、征服自然”，就会发现自然环境已不再是纯粹的天然之物任意供人索取，人类与自然抗争的每一次胜利都会导致产生更多的报复，人与自然之间的关系已经发生了巨大的转变。

1970年，克尼斯等在《经济学与环境》一书中提出了著名的物质平衡理论，认为经济系统与自然环境之间存在着物质流动关系，“外部不经济性是现代经济系统所固有的特征，经济系统大量排放污染物导致环境成为稀缺资源。正是这种关系，揭示了环境污染的经济原因是环境资源的免费使用，而解决环境污染的经济学方法也正是对环境资源进行合理定价和有偿使用”。①

美国经济学家克鲁蒂拉被认为是环境与资源经济学的奠基人。他在《自然保护的再认识》和《自然资源保护的再思考》（1967）中提出了“舒适型资源的经济价值理论”，通过对舒适型资源的使用分析，认为资源能满足人们

① 蔡宁，郭斌．从环境资源稀缺性到可持续发展——西方环境经济理论的发展变迁［J］．经济科学，1996（6）：59-66.

获得经济利益就是资源的直接价值和间接价值，而不为任何利益考虑只愿意为保护这些舒适型资源而表现出来的支付意愿就是其存在价值。①

20世纪初，庇古的“外部性”理论对于环境价值的评估做出了卓越贡献，庇古针对“外部性”提出的“庇古税”就是解决负外部性带来的价值补偿，为了公共利益（社会福利），就要为带来生态环境负面影响的行为进行支付。1960年科斯将产权理论用于环境污染的研究，认为污染和不被污染权也是产权，产权理论也被当代一些经济学家认为是环境价值的理论依据。20世纪80年代提出的“可持续发展”的理念，实现了人类有关环境与发展思想的重要飞跃，对生态资源与环境价值理论带来了直接影响。

资源与环境问题越来越突出，环境对人类的作用和影响越来越受到大多数人的关注，对环境的价值做出准确的估计、计量，以免人类的短视破坏了未来发展的思想也逐渐得到人们的认可，一种新型的价值理论的诞生是必须和不可避免的。

20世纪80年代以后，越来越多的经济学家对环境（生态）资源的经济价值进行了分析和探讨，对环境（生态）经济学的发展产生了重要的影响。其中皮尔斯提出的关于环境经济价值的几个重要概念在现代的环境（生态）价值评价研究中广为使用。皮尔斯认为，环境资源的总价值是由使用价值和非使用价值组成的，而它们又可以进一步分为直接使用价值、间接使用价值、选择价值和存在价值4个构成要素。直接使用价值是指环境资源直接满足人们生产需要和消费需要的价值。间接使用价值是指人们从环境资源中获得的间接效益，也就是生态学中的生态服务功能。选择价值是指人们为了保存或保护某一环境资源，以便将来用作各种用途所愿意支付的价值。存在价值与现在的使用或未来的使用无关，是人们对某一环境资源存在而愿意支付的金额，代表着人们对环境资源价值的一种道德上的评判，包括人类对其他物种的同情和关注。②

换个角度看，能为整个人类、为国家和民族、为未来的子孙后代提供他

① 张培刚．微观经济学的产生和发展［M］．长沙：湖南人民出版社，1997：294-319.

② 戴维·皮尔斯，杰瑞米·沃福德．世界无末日：经济学、环境与可持续发展［M］．张世秋，等，译．北京：中国财政经济出版社，1996：116-124.

们有可能利用到的直接和间接效用，无论从哲学和宗教、文化和伦理的观点来看生态系统或资源环境，其存在具有确定性的价值。这就是生态系统服务的非使用价值。

生态和环境价值理论是随着时代的发展而不断发展着的理论。它从古典经济学的幼稚时期到20世纪中期以来，不断完善与发展，其理论基础经历了劳动价值理论、效用价值理论阶段，最终形成了自己独有的生态环境价值观，成为各国经济发展新的指导理念和发展思路，并对未来的世界产生了可以预见的影响和改变。

四、两山理论——绿水青山就是金山银山

自然生态系统之于人类蕴含着巨大的价值，它一方面为人类的生存直接提供各种资源和产品，另一方面为人类的生存与发展起着生命支持系统的作用。假如失之或其遭受严重的破坏，那人类社会的生产力水平将会大大降低，甚至失去生存与发展的基础。建立和维护好自然生态系统的良性循环就是维护和提升人类社会的生产力水平，进而奠定人类自身生存与发展的坚实基础。

“要正确处理好经济发展同生态环境保护的关系，牢固树立保护生态环境就是保护生产力、改善生态环境就是发展生产力的理念。”“习近平总书记的这一重要论述，深刻阐明了生态环境与生产力之间的关系，是生产力理论的重大发展，饱含着尊重自然、谋求人与自然和谐发展的价值理念和发展理念。”①

“我们既要绿水青山，也要金山银山。宁要绿水青山，不要金山银山，而且绿水青山就是金山银山。”党的十九大报告中指出，必须树立和践行“绿水青山就是金山银山”的理念，坚持节约资源和保护环境的基本国策，像对待生命一样对待生态环境。秉承“绿水青山就是金山银山”“宁要绿水青山，不要金山银山”这个发展理念，生态环境的价值远远大于一时一地的物质财富，

① 中共中央宣传部．习近平总书记系列重要讲话读本［M］．北京：学习出版社，人民出版社，2014：123-124.

判定其价值量大小等同于生态环境之于人类的意义。

事实上，这个金山银山到底有多大的价值并不是关键问题，关键的是与以往相比，人们从来没有像现在这样用“金山银山”来形容“绿水青山”对于人们的重要意义，这种饱含敬畏自然、尊重自然、爱护自然，追求人与自然和谐相处的新型发展和价值理念要根植于心并深入贯彻之。

五、生态价值理论相关研究

虽然1935年英国生态学家坦斯利就提出了生态系统的概念，但从20世纪60年代开始，生态系统服务这一概念才真正被使用，关于生态系统理论与价值的研究才逐渐增多。目前关于生态系统服务的研究以Daily、Constanza和Cairns最具有代表性，Daily的《自然服务：社会有赖于自然生态系统》（*Nature's Service*：*Societal Dependence on Natural Ecosystem*）（1997）被认为是西方生态系统服务研究领域的标志性著作。

Constanza等（1997）根据100多项研究成果，评估了全球生态系统的价值。评估结果涉及了全球16种主要生态系统的17种服务，部分价值还根据资料来源地的人均购买力平价进行了调整，以消除对实际收入的影响。Constanza等认为，自然生态系统直接或间接为人类提供福利，构成整个地球经济价值的一部分。根据Constanza等的研究成果，全球生态系统服务每年的经济价值在16000亿~54000亿美元，平均约为每年33000亿美元。而全球的GNP大约仅为每年18000亿美元，自然生态系统的价值只有一小部分反映在GNP中，大部分价值未在市场中得到体现。一方面，自然生态系统的服务对人类福利有着重要的贡献；另一方面，人类已建立的经济核算体系未能如实地反映这种贡献。①

Constanza等的研究促进了人类对自然生态系统价值核算的关注，相关领域的研究也不断增多。

几乎在同时期，国内关于生态系统服务价值理论与核算的研究也相继增

① Constanza R, d'Arge R, de Groot R, et al. The value of the world's ecosystem services and nature capital [J]. Nature, 1997 (387): 253-260.

多，欧阳志云等（1999）从生态系统的服务功能着手，首先研究中国陆地生态系统在有机物质的生产、CO_2 的固定、O_2 的释放、重要污染物质降解，以及涵养水源、保护土壤中的生态功能的作用，然后运用影子价格、替代工程或损益分析等方法探讨了中国生态系统的间接经济价值。

谢高地等以 Constanza 等对全球生态系统服务价值评估的部分成果作为参考，在其生态系统服务价值评估体系的基础上分别在 2002 年和 2006 年对中国 700 位具有生态学背景的专业人员进行了问卷调查，得出了新的生态系统服务评估单价体系。① 2015 年又根据文献调研、专家知识、统计资料和遥感监测等数据源，通过模型运算和地理信息空间分析等方法，对单位面积价值当量因子静态评估方法进行了改进和发展，构建了基于单位面积价值当量因子法的中国陆地生态系统服务价值的动态评估方法，实现了对全国 14 种生态系统类型及其 11 类生态服务功能价值在时间（月尺度）和空间（省域尺度）上的动态综合评估。初步的应用与评估结果表明，2010 年我国不同类型生态系统服务的总价值量为 38.1×10^{12} 元。②

该成果尤其是基于单位面积价值的当量因子对本研究开展三江源生态系统服务功能价值估算有积极的参考价值。

更多关于生态系统价值研究与评价多数围绕具体的生态系统类型展开，比如耕地、森林、水域河湖、草地等。其中比较多地集中在对水域生态系统和森林生态系统的研究上。作为重要的生态系统类型，有许多学者从不同角度用不同方法针对水域湿地开展了服务价值评价。智颖飙等（2014）依据环境自我调节论（Asia 假说），应用市场价值法，对内蒙古包头南海湿地生态系统服务价值功能进行货币化核算。郑德凤等（2014）为了提高生态系统服务价值核算模型的科学性和实用性，结合已有研究成果，基于突变理论和突变级数法对各类陆地生态系统的服务价值评价方法进行改进，在此基础上从总量和强度两个视角提出基于生态系统服务价值理论。通过改进模型计算出我

---

① 谢高地，甄霖，鲁春霞，等．一个基于专家知识的生态系统服务价值化方法［J］．自然资源学报，2008（9）：911-919.

② 谢高地，张彩霞，张雷明，等．基于单位面积价值当量因子的生态系统服务价值化方法改进［J］．自然资源学报，2015（8）：1243-1254.

国湿地生态系统服务价值转换因子为1.1198、水域的生态系统服务价值转换因子为1.0049。张翼然等（2015）通过对文献进行搜集和整理，得到全国71个湿地案例点的价值评价数据，在此基础上对湿地生态系统各项服务功能在全国各地区的生态系统价值量进行对比分析。王玲慧等（2015）结合河流生态系统服务功能特征，划分河流生态系统服务功能为淡水供给、物质生产、生态支持、生态调节和文化娱乐5大类，并根据服务价值与服务功能的对应关系，将河流生态系统服务价值划分为对应的5大类17种。详细阐述了17种服务功能价值的评价方法及计算公式，并对河流生态系统服务功能价值今后的研究提出展望，旨在为河流管理部门客观评价和有效利用河流生态服务价值提供科学依据。

森林生态系统研究得也较多。余新晓等（2005）对中国森林生态系统功能价值进行评估，通过费用支出法、市场价值法及条件价值等方法对各种服务功能及各气候带服务功能价值的估算，最后推算出我国森林生态系统服务功能的总体价值。[①] 段晓峰、许学工（2006）采用市场价值、替代工程等方法对山东省各地区森林生态系统的生产、游憩、改善大气环境、水土保持等服务功能进行价值评估；蔡细平（2009）从理论、方法与实践角度探讨了生态公益林项目评价；李忠魁等（2009）分析评估了西藏森林资源价值的动态变化。

对于草地的研究相对较少，基本在青海、内蒙古等草原牧区。作为我国重要生态功能区，青海三江源受到了国内许多专家学者的关注，围绕三江源地区展开的生态环境研究成果颇多，许多学者从不同角度用不同方法开展了对三江源区草原、湿地、森林、农田等生态系统的服务价值评价研究，如刘敏超等（2005）、孙发平（2008）、赖敏等（2013）、张永利等（2007）、扎巴江才（2009）、贾慧聪（2011）、李磊娟（2013）、张贺全（2014）、李芬等（2017）等。

刘敏超等（2005）在地理信息系统的支持下，将相关地图数字化并利用

① 余新晓，鲁少伟，靳芳，等．中国森林生态系统服务功能价值评估［J］．生态学报，2005，25（8）：2096-2102.

已有的地形数据库等资料，研究了三江源地区生态系统土壤保持、涵养水源、固定 CO_2 和释放 O_2 4 项生态功能，并利用市场价值法、机会成本法和影子工程法等评估了其生态功能的价值。研究结果显示：整个生态系统服务价值为 3377.1 亿元/年，其中草地在整个生态系统功能服务价值中占 21%，约为 700 亿元/年。①

张永利等（2007）在对青海省森林生态系统长期、连续定位观测的基础上，采用第 6 次青海省森林资源清查数据和国内外权威部门公布的价格参数数据，利用市场价值法、费用代替法、替代工程法、机会成本定量评价了 2004 年青海省不同林型森林生态系统服务功能的经济价值。结果显示，2004 年青海省森林生态系统服务功能总价值为 155.35 亿元，各项服务功能价值中生物多样性保护最大，最小的是森林游憩服务功能价值。②

青海省社会科学院孙发平等（2008）就三江源生态系统服务功能价值与生态补偿机制进行了全面、科学的评估和论证，评估认为“为最大限度发挥生态系统生态、社会和经济价值……三江源区生态系统总价值为 11.5541 万亿元，其中使用价值 10.21 万亿元，非使用价值 1.34 万亿元”。③ 这个价值比其他同类研究数值较大，关键原因是作者计算的是“三江源生态系统最终价值”，也就是用 3.5% 的贴现率以现值的形式展现了“一次性的三江源生态价值”。

该研究以生态价值的现值展现其总价值，是一个较新的价值核算方法。李磊娟（2015）也以 5% 的贴现率计算三江源区生态系统服务功能价值的现值。结论为：“三江源区生态系统服务总价值 259734.3 亿元，其中使用价值 229406.1 亿元，非使用价值 30328.20 亿元，两者分别占总价值的 88.31% 和 11.69%。”④

---

① 刘敏超，李迪强，温琰茂，等．三江源地区生态系统生态功能分析及其价值评估［J］．环境科学学报，2005（9）．

② 张永利，杨峰伟，鲁绍伟．青海省森林生态系统服务功能价值评估［J］．东北林业大学学报，2007，35（11）：74-76+88．

③ 孙发平，曾贤刚，等．中国三江源区生态价值及补充机制研究［M］．北京：中国环境科学出版社，2008：141-145．

④ 李磊娟．三江源区生态系统服务价值评价研究［D］．西宁：青海大学，2015．

陈春阳等（2012）在联合国千年生态系统评估的分类体系上，运用直接市场法、替代工程法，最终得出三江源草地生态系统服务价值每年为562.6亿元。在这些生态服务功能的评估中，其大都在理论载畜量的基础上根据不同生态服务功能的特征，进行比例的代入，最终计算出这些功能的服务价值。

贾慧聪（2011）等以青海省三江源地区为研究区，采用遥感影像为主要数据源，提取湿地信息，基于压力—状态—响应（PSR）模型，构建三江源地区湿地健康的综合评价指标体系，对三江源地区湿地生态系统健康等级的整体分布和原因进行了分析。

辛玉春（2012）利用生态服务价值当量表和最新的草地调查数据对青海省草地生态系统进行当量分析，核算出一段时间内青海省草地生态系统服务总价值，最后的评估结果为4068.03亿元/年。

生态产品是三江源区非常重要的自然资源资产，其价值远超过经济生产价值。赖敏等（2013）利用替代成本法、机会成本法和影子工程法等经济学方法，对三江源区生态系统提供的间接使用价值进行了评估。研究结果表明，2008年三江源区生态系统的间接使用价值共计1.74×10^{11}元，其中水源涵养价值为1.07×10^{11}元，占61.38%，土壤保持价值为4.60×10^{10}元，占26.50%，气候调节价值为2.01×10^{10}元，占11.56%，空气质量调节价值为9.56×10^{8}元，占0.55%。[①] 该结果突出反映了三江源区作为水源发源地在水量平衡、调节区域水分循环和改善水文状况等方面的生态服务功能价值。

张贺全（2014）通过对三江源试验区的研究，确定生态系统单位面积生态服务功能价值分别为：草地4209.03元/hm^2，林地11097.42元/hm^2，湿地（沼泽、河流和湖泊）50005.9元/hm^2，农田4341.2元/hm^2，其他地类371.4元/hm^2。最终得出源区生态服务功能每年价值3530.15亿元，其中草原1179.37亿元，林地247.65亿元，湿地2079.65亿元，农田和其他地类23.48亿元。

李磊娟（2015）利用专家知识法和问卷调查法，对三江源生态系统价值

① 赖敏，吴绍洪，戴尔阜，等．三江源区生态系统间接使用价值评估［J］．自然资源学报，2013，28（1）：38-50.

进行评价，结果显示，三江源地区生态系统使用价值为 10924.1 亿元/年，其中废物处理价值最高，为 2657.55 亿元/年，占总价值的 24.33%；最低的为食物和原材料生产，两者总和仅占总价值的 3.29%。研究还以 5%的贴现率折现计算三江源生态系统服务价值现值总量，为 229406.1 亿元。

李琳、林慧龙等（2016）则利用能值分析理论和草地综合顺序分类法，将 NPP 模型综合运用到生态系统服务价值评估中，再利用能值货币比率对服务价值进行货币转化，而后对 2001—2010 年的三江源草地生态系统服务总价值进行核算并比较分析，最终得出 2010 年三江源地区草地生态系统服务总价值为 1375 亿~1780 亿元，10 年平均值约为 1525 亿元。与赖敏等的研究结果较为接近。

针对三江源区生态产品类型，李芬等（2017）从物质量和价值量两个角度构建了生态产品评价指标的测算方法，采用直接市场价格法和替代市场法核算生态产品价值。结果表明，三江源区 2012 年生态产品价值为 1986.43×10^8 元，是同期该区 GDP 的 8.27 倍，地均生态产品价值为 5093 元/hm^2；三江源区 2012 年农产品价值为 327.5×10^8 元，干净水源价值为 1098.56×10^8 元，清新空气价值为 560.37×10^8 元。①

六、生态价值评价内容与方法

（一）评价内容

价值篇评价根据国家环保总局的生态系统总经济价值分类方法，结合三江源地区生态系统类型及特点，借鉴生态价值评价理论与实践研究，对青海三江源生态保护区三类典型生态系统即草地、森林和水体湿地的生态系统服务功能的“总经济价值”（TEV）进行评价，总经济价值下分别展开使用价值和非使用价值评价估算。其中使用价值（UV）又分为直接使用价值（DUV）和间接使用价值（IUV）两类。直接使用价值主要核算资源性产品价值和科研文化与美学等价值；间接使用价值重点选取三类典型生态

① 李芬，张林波，舒俭民，等．三江源区生态产品价值核算［J］．科技导报，2017，35（6）：120-124.

系统提供的无形服务功能价值，包括气体调节、气候调节、土壤保持、净化环境、维持生物多样性等方面。非使用价值包括存在价值、选择价值和遗产价值。

（二）评价方法

按照“千年生态系统评估”（MEA）报告的定义，生态系统是一个生物与环境之间构成的相互交错、相互影响、相互制约的有机整体，这个有机整体为人类提供了各种直接和间接的惠益（人们得益于生态系统提供的多种产品和多种生态服务功能）。对生态系统提供的各种惠益进行经济评价，实际上就是连接了自然界与人类社会两大系统，就是生态系统服务价值评价（生态价值评价）。生态价值评价很自然地要涉及综合性的跨学科的方法，诸如经济学、管理学、社会科学、自然科学以及工程技术学科等领域的不同方法、成果和思维方式。这种综合性的跨学科的研究更能揭示复杂的自然和社会现象，从而离科学的发现也就更近，创新成果也就更可能出现。本研究选取的三江源生态系统价值评价对象虽然只有草、水和林三种，但对其生态价值评价也是尽可能尝试多种方法，包括对非使用价值评价的意愿调查法，基本包括了目前对生态系统服务价值评价的主要方法。

当量因子法和实物量法是生态系统服务功能价值评价中目前最常用的两种方法。实物量方法是利用生态系统各要素（例如水、气和生物等）在相互作用关系下各种物质和能量的循环交换、输入输出的生物物理数据，再结合社会经济方面的指标数据，进行生态系统各项服务功能的经济价值评价。

依据生态价值评价理论与实践研究，本篇进行的三江源区生态系统服务价值评价实践采用基于实物量和基于当量因子的两种方法。实物量方法用于草地和水体湿地两类生态系统使用价值评价。考虑三江源森林生态系统特点以及各种类型林地复杂的生物间能量和物质的循环，其物理实物量数据相对难得，所以针对三江源森林生态系统的使用价值评价采用当量因子法。

实物量法具体方法有：运用市场价值法核算其物质生产的价值；运用费

用支出法核算其旅游休闲的价值；运用替代费用法核算其降解污染物的价值；运用影子工程法核算其净化水质、涵养水源、防止土壤盐碱化的价值；运用类比法核算其提供物种栖息地及生物多样性的价值；运用碳税法核算其大气调节的价值等。

当量因子法相对于实物量的评价方法可操作性较强，比较简单，结果便于比较。但是，使用当量因子法，如果某年全国的粮食作物生产因价格剧烈变动等导致每单位面积的总经济价值（利润）是负的话，那么这种方法就失去了意义。当量因子法就是生态系统的单位面积价值相当于粮食作物的单位面积的价值，如果粮食作物为负，那并不意味着生态系统也失去了价值。根据近几年相关研究结果发现，生态系统的当量因子有逐年下降的趋势。

非使用价值反映的是人们对某种事物的共同认识，即人们非常乐意为改善或保护那些将来永不利用的资源而付出的价值。纯粹的非使用价值又称为“存在价值”。① 根据非使用价值的含义，生态系统“存在”的合理性和意义，即非使用价值更多的是来自人们心中根深蒂固的基于历史、文化、伦理和宗教等精神层面的认同。所以，给这种认同赋予一个定量的判断，只能是来自于人们不同的心理偏好。

本研究在非使用价值方面，采用陈述偏好法（SP）中最典型、最常用的条件价值法或意愿调查法（CVM），通过直接调查和询问人们对三江源区生态服务的意愿支付（WTP），或者假想如果该地区的生态环境遭到损失的时候个人可能愿意接受的补偿数额（WTA），以人们的 WTP 或 WTA 来估计三江源区生态系统在维持存在、未来可能使用以及为下一代考虑下的假想支付。三江源区不仅哺育了当地一方土地的人民，而且对其他地区的发展都起着重要的生态屏障作用，合理估计源区生态系统非使用价值有利于扩大三江源生态保护区的影响，加强人们对三江源的认识，进而更有利于保护区生态保护和经济发展。

三江源生态系统服务功能价值评价内容与方法见图 2-1。

---

① ［美］汤姆·蒂滕伯格．环境与自然资源经济学［M］．金志农，余发新，等，译．北京：中国人民大学出版社，2011：39.

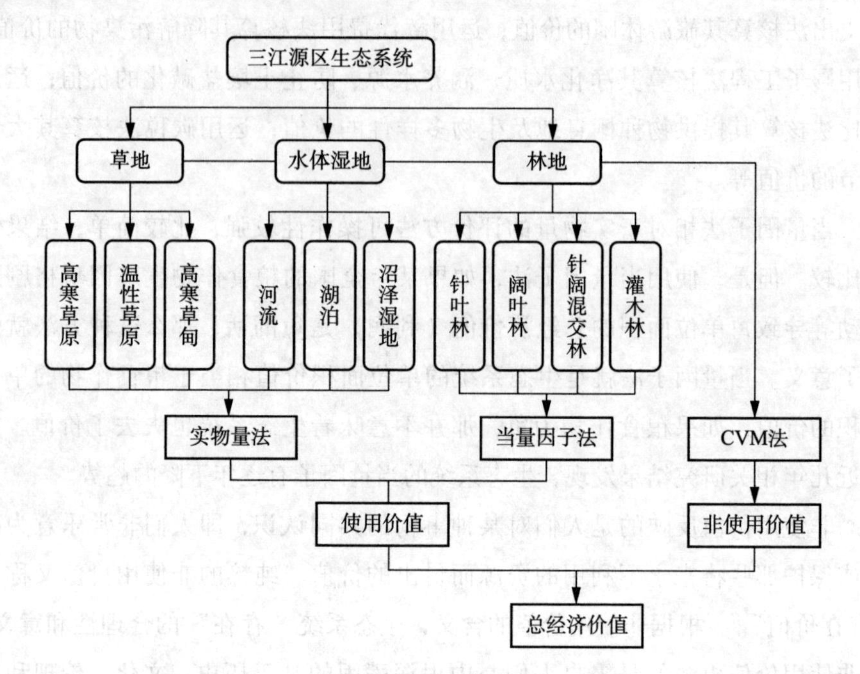

图 2-1　三江源生态系统服务功能价值评价内容与方法

第三章

三江源草地生态系统价值

草地不仅是三江源地区畜牧业可持续发展的基础资源，更重要的是作为三江源最大的生态系统类型，其生态服务功能对整个源区生态平衡起着重要的支撑和基础作用，价值不容忽视。本章草地生态系统服务功能价值评价基于物质量评价方法，在对源区草地生态系统进行分类的基础上，借鉴生态价值评价理论和已有研究成果，主要利用能值转化理论、初级净生产模型（NPP）等草地生态系统生物物理物质与能量转换系数和社会经济有关指标数据估算三江源地区草地生态系统服务功能的使用价值，并对估算结果进行分析和讨论。

一、草地类型与生态功能

三江源地区草地广袤，连绵无垠。考虑三江源草地生态类型特点与面积比例以及各类型草地数据的获得性，本章选取源区最大的三种类型草地，即高寒草甸、高寒草原和温性草原参与源区草地生态系统服务功能价值评价，并以此作为三江源区草地生态系统服务价值中的使用价值总量。具体选取草地类型与面积数据见表 3-1。

表 3-1　三江源区三类主要草地生态类型与面积构成

序号	草地类型	面积（万 hm^2）	占比（%）
1	高寒草甸类	1272. 05	45. 40
2	高寒草原类	378. 08	13. 49
3	温性草原类	46. 77	1. 67
合计	—	1696. 9	60. 56

草地生态系统服务功能直接使用价值由物质产品供给服务和文化服务组成，间接使用价值根据三类草地类型特点选择草地大气调节（固碳释氧）、水源涵养（水文调节）、土壤保持、废物处理（净化环境）、维持生物多样性5种功能进行对应价值估算。其中大气调节又分为吸收CO_2、释放O_2两种功能估算气体调节价值。

三江源草地生态系统服务功能价值评价草地类型、生态功能、价值组成与估算方法见表3-2。

表3-2　三江源草地生态系统及各项生态服务功能与对应价值及评价方法

草地类型	生态服务功能	价值指标	评估方法
高寒草甸 高寒草原 温性草原	物质产品供给	供给服务价值	市场价值法
	文化服务	文化服务价值	旅行费用法
	吸收CO_2、释放O_2	大气调节	造林成本法
	保水储水，涵养水源	水源涵养	替代工程法
	保持土壤水分	土壤保持	市场价值法
	微生物分解	废物处理	替代工程法
	保护物种多样性	维持生物多样性	借鉴法

二、价值估算与结果

（一）数据来源与估算方法

1. 数据来源

三江源草地生态系统服务功能价值量估算采用实物量评价方法，实物量的基础是相应生态类型物质与能量的输入输出基础数据，结合社会经济方面的指标数据进行价值评价。实物量数据包括三江源地区2005—2015年各气象站台的月降水量、年降水量均值，以及各类型草地的产草量；草地初级净生产力值、能值货币比率、土壤中水的能值转化率、磷肥和氮肥的能值转化率、吉布斯自由能等。这些物质量数据部分来源于2015年的《青海统计年鉴》《中国统计年鉴》《2014年全国生态环境质量报告》，部分来源于过程模型模拟结果、草地生态系统相关研究成果和调查数据。社会经济数据来源于调查研究、《全国农产品成本收益资料汇编 2017》、其他相关统计年鉴等，如各类型草地的面积及比例、粮食作物产出、畜牧业商品、工业制氧以及碳税的价格等（涉及价格的非 2015 年数值按价格指数换算到当期价格）。草地的文化服务价值数据来源于问卷调查法。

2. 估算方法

间接使用价值估算运用能值分析理论，获得不同类型的能值转化率，借鉴 NPP 模型核算不同类型草地在 2015 年这一年中的初级净生产力值并计算出这一年的价值。在各个服务功能评价中，主要运用能值分析理论及方法将不同类型的能量转化为同一类型的能量。与传统货币价值评估方式相比，能值分析方法能更加科学且全面地评估生态系统的服务价值。

净初级生产力可表示为每公顷草地年初级生产者的重量、体积或能量。在本章中计算三江源地区各类型草地的净初级生产力时采用 NPP 计算模型，借鉴林慧龙（2016）基于综合植被模型推导过程建立的分类指数模型（CIM），该模型的优势在于将分类系统与 NPP 模型相结合。依据草地综合顺序分类法中不同类型草地的位置，即可以确定它对应的 NPP 大小。具体采用方法有市场价值法、替代法、模拟市场法（条件价值法）和问卷调查法。

（1）市场价值法。对于可以直接量化的服务价值，我们直接采用市场价值法来核算，利用当前市场交易的价格作为参数。对于本章草地生态系统的供给服务价值的估算，利用相对应的牲畜当期的市场价格，再将价格与其物质量相乘得到。这种核算方式在一定程度上能够反映出草地生态系统服务功能中经济产品的供给价值。

（2）替代法。替代法包括机会成本法和替代工程法。①机会成本法一方面考虑了资源利用的现有成本，另一方面也使生态资源的经济价值得到充分反映。本章中草地生态系统的大气调节功能着重使用此方法。②替代工程法，也叫影子工程法等。在本章中，对于间接使用价值中核算其废物处理功能，其微生物的分解量无法直接进行量化，因此综合运用不同类型草地的蓄载量以及微生物中的养分转化率对废物处理价值进行核算，作为废物处理的替代价值。

（3）模拟市场法，也叫条件价值法。在核算大气调节的价值评估中对于固碳施氧功能价值主要利用工业制氧价格和碳税价格代替。

（4）问卷调查法。本章中利用问卷调查结果及分析得出草地的文化服务价值。

（二）价值估算

1. 直接使用价值

自然生态系统中可以直接提供人类需求的各种物质和非物质物品，如对人类有食用、药用和工业原料等实用意义的物质，有旅游观赏、科学研究和文学艺术创作等非实用意义的价值。本文直接使用价值选取供给服务价值（V_1）与文化服务价值（V_2）进行估算。

供给服务价值（V_1）。草地是三江源地区主要的生产资料，源区草地生态系统的物质产品主要体现在畜牧产品的生产上。草地为牛羊等牲畜产品提供饲料基础，因此可以通过牲畜产品的价值来衡量草地系统的直接使用价值。食物生产价值的评估根据“以草定畜”的原则。[①]

$$V_s = Q_s \times P_s = \frac{\sum A_i \times Y_i \times R_s}{E_s \times 365} \tag{3-1}$$

其中，V_s 为食物生产价值；Q_s 为草地蓄载量；P_s 为当前市场上平均 1 个羊单位的价格；A_i 为第 i 种类型草地可利用面积；Y_i 为该类草地类型鲜草单产量；R_s 为牧草利用率；E_s 为 1 个羊单位的鲜草日食量[②]（有关参数数值见表 3-3 各项评估参数及数据使用表，以下各有关系数同）。V_s=0.5×各类型草地面积×各类型草地产草量/4×365（kg/d），计算出温性草原、高寒草原、高寒草甸的单位面积价值分别为 42.82 元/hm^2、34.62 元/hm^2 和 54.8 元/hm^2。依据源区草地生态系统各类型面积，整个草地供给服务价值为：

$$V_1 = 8.48（亿元/年）$$

① 根据三江源保护区实际情况，“以草定畜”利用草地承载力来判断畜牧量更有利于保护和修复草地。

② 汪诗平．青海省“三江源”地区植被退化原因及其保护策略［J］．草业学报，2003，12（6）：1-9.

文化服务价值（V_2）。在草地生态系统服务功能价值评估中，文化服务价值以旅游价值为主，因其价值在非使用价值中一并核算并通过非使用价值显示，为避免重复其价值核算，所以在草地生态使用价值核算中不包含其价值。

2. 间接使用价值

间接使用价值是指体现生态系统对自然环境起到重要调节作用的价值，如森林和草地对水土的保持作用、湿地蓄洪防旱、涵养水源、调节气候、提供氧气吸收二氧化碳、保护生物多样性等作用。本文的间接使用价值选取大气调节（释氧 V_3 和固碳 V_4）、水源涵养（V_5）、土壤保持（V_6）、废物处理（V_7）、生物多样性（V_8）5 个项目进行估算。

（1）大气调节。即通过草地生态系统固定大气中的 CO_2，同时释放 O_2 来达到对局地的大气产生影响。三江源草地生态系统的大气调节作用混合考虑了对气候的影响，比如草地植被变化可以对气温和降水产生影响。所以本章对草地的气候调节没有再单独核算。

首先进行固碳释氧的物质量评价，公式如下：

$$O_i = NPP_i \times 1.63 \tag{3-2}$$

$$C_i = NPP_i \times 1.19 \tag{3-3}$$

①释氧价值（V_3）。

上式中 NPP 为净初级生产力，单位为 kg/hm^2。价值量评价草地吸收空气中的人们日常生产和生活产生的 CO_2，再通过自身的净化能力释放出 O_2，以此来减少人们为减少 CO_2 而付出代价治理的成本。草地通过吸收空气中的 CO_2 从而减少空气中的温室气体，调节气候，减少极端气候发生的频率。

$$V_{oi} = O_i \times P_o \tag{3-4}$$

其中，V_{oi} 为草地单位面积释放 O_2 的价值（元/hm^2）；O_i 为草地单位面积释放 O_2 量（t/hm^2）；P_o 为某一区域工业氧气售价（元/t）；i 代表区域。P_o 表示氧的价格，取工业制氧价格 1365 元/t（经价格指数已折算为 2015 年的值）估算。

②固碳价值（V_4）。

$$V_{ci}=C_i \times P_c \tag{3-5}$$

其中，V_{ci}为单位固碳价值，C_i 为草地单位面积固定 CO_2 量（t/hm^2）；P_c 为我国碳税价格（元/t）；i 代表区域。P_c 依据瑞典碳税法 150 美元/t 折算成 2015 年为 1000 元/t。

V_{oi}=各类型草地 NPP 值×1.63×1365，计算得到温性草原、高寒草原、高寒草甸单位面积释氧价值分别为 1828.61 元/hm^2、662.35 元/hm^2、2775.085 元/hm^2。

V_{ci}=各类型草地 NPP 值×1.19×1000，计算得出温性草原、高寒草原、高寒草甸固碳的单位面积价值分别为 988.89 元/hm^2、358.19 元/hm^2、2582.3 元/hm^2。

估算得出草地释氧（大气调节）经济价值：

$$V_3=386.60\text{（亿元/年）}$$

估算得出草地固碳（大气调节）经济价值：

$$V_4=346.65\text{（亿元/年）}$$

（2）水源涵养（V_5）。天然草地有截留水流的作用，雨水落在草地上，渗透到土壤之中，土壤保留了这些雨水使得草地有着良好的保水能力和储水能力。水源涵养是草地生态系统重要的一项调节功能。

水源涵养价值计算公式：

$$V_w=\frac{W \times 10^6 \times G \times T_{rw}}{R} \tag{3-6}$$

其中，V_w 表示单位水源涵养价值，W 表示土壤中的含水量；G 表示吉布斯自由能（4.94J/g）；[①] T_{rw} 表示土壤中水的能值转化率，本章借鉴李琳等（2016）研究中的能值转化率（4000sej/J）。R 为能值转化率。其中，W=平均降水量×产流降水量所占比例×与裸地比较的截留系数（李琳，2016），本研究中，取产流降水量占平均降水量的 40%，与裸地比较的截留系数取

① 李琳，林慧龙，高雅．三江源草原生态系统生态服务价值的能值评价［J］．草业学报，2016，6（25）：34-41.

0.2。[①] $V_w=0.08\times10^6\times4000\times4.94/R$，计算得出温性草原、高寒草原、高寒草甸的单位水源涵养价值分别为 157.315 元/hm^2、144.741 元/hm^2、170.472 元/hm^2，结合各类草地面积估算得出：

$$V_5=27.89\text{（亿元/年）}$$

（3）土壤保持（V_6）。草地对土壤的保持能力相比一般裸地要好很多。草地中充足的水分可以防止水土流失、土地荒漠化、土质疏松等土壤问题的出现。运用 USLE 模型对土壤保持功能进行评估，测算土壤保持物理量。本文将土壤保持价值分为物质量和价值量两部分，物质量用 USLE 模型进行理论方法分析，不做实际数据测算；价值量则做实际数据测算，将其分为三个部分计算，分别为减少废弃地价值 V_{q1}、保持土壤肥力价值 V_{q2}、减少泥沙淤积价值 V_{q3}。

土壤保持价值物质量计算：

$$A_c=R\times K\times L_s\times C\times P \tag{3-7}$$

其中，A_c 为现实侵蚀量，R 为降雨侵蚀力因子，K 为土壤侵蚀因子，L_s 为地形因子，C 为地表植被覆盖因子，P 为土壤保持措施因子，不考虑地表覆盖因素和水土保持因素时（由于可参考数据和测算条件有限，无法有效获得相关参数，对评价核算的结果影响不大，故在此省略不计）：

$$M=A_o-A_c \tag{3-8}$$

其中，M 为土壤保持量，A_o 为潜在侵蚀量，A_c 为现实侵蚀量。土壤保持价值量公式为：

$$V_q=V_{q1}+V_{q2}+V_{q3} \tag{3-9}$$

V_{q1} 为减少废弃地价值，利用机会成本法计算。通过土地面积（利用保持土壤量、土壤容重和厚度计算）与土地收益积获得，计算公式如下：

$$V_{q1}=\frac{M}{P\times h}\times P_1 \tag{3-10}$$

其中，M 为土壤保持量（kg/hm^2）（肖玉、谢高地、安凯，2003），[②] P、

---

① 赵同谦，欧阳志云，贾良清，等．中国草地生态系统服务功能价值评价［J］．生态学报，2004，24（6）：1101-1110.

② 肖玉，谢高地，安凯．青藏高原生态系统土壤保持功能及其价值［J］．生态学报，2003，23（11）：2367-2378.

h、P_1 分别为三江源区的土壤容重、土壤平均厚度、草地生态系统单位面积生产效益。借鉴童李霞（2017）研究得到其分别为 1.05t/m^3、0.45m、[①] 245.50 元/hm^2。[②] 即 $V_{q1}=0.051958\times M$（元/hm^2）。

保持土壤肥力采用市场价值法计算。即根据土壤保持量中的氮（N）、磷（P）、钾（K）含量，计算草地保持的土壤营养成分的量，再以中国化肥磷酸二铵和进口氯化钾的价值计算土壤养分损失的经济价值，计算公式如下：

$$V_{q2}=M\times[\sum R_i\times(1/N_i)]\times P_2 \tag{3-11}$$

其中，R_i 为单位质量土壤中 N、P、K 的平均含量，研究中的参数值分别为 216.78mg/kg、5.64mg/kg、209mg/kg，N_i 为土壤中氮（N）、磷（P）、钾（K）在磷酸二铵和进口氯化钾中的含量，分别为 14%、15.01%、50%。[③] P_2 为我国化肥的价格，为 2549 元/t，即 $V_{q2}=5.11\times M$（元/hm^2）。

减少泥沙淤积价值 V_{q3} 运用替代工程法计算。根据相关研究，我国由于土壤侵蚀流失的泥沙约有 24%淤积于水（欧阳志云，2004），计算公式为：

$$V_{q3}=M/P\times 24\%\times P_3 \tag{3-12}$$

其中，P_3 为我国建造 1m^3 库容的水库工程平均费用，借鉴孙发平、曾贤刚等（2008）研究，每建设 1m^3 库容需投入的成本约 1.449 元，经相应价格折算 2015 年为 8.51 元，即 $V_{q3}=2.04\times M$（元/hm^2）。因此草地生态系统土壤保持的价值为（0.051958+5.11+2.04）×M（元/hm^2），其中 M 为土壤保持量，根据肖玉等（2003）对青藏高原土壤保持功能评估中将各个类型草地的土壤保持量逐一计算，本文在土壤保持功能的核算中利用这一系列数据 V_q =（0.051958+5.11+2.04）×各类型草地土壤保持量，计算得出温性草原、高寒草原、高寒草甸土壤保持单位面积价值分别为 1340.45 元/hm^2、1179.1 元/hm^2、3227.619 元/hm^2。综合得出草地土壤保持价值为：

$$V_6=461.42\text{（亿元/年）}$$

（4）废物处理（V_7）。天然草地里有多种微生物，而微生物会分解一些生

① 青海省农业资源区划办公室．青海土壤［M］．北京：中国农业出版社，1997：414.
② 童李霞．三江源草地生态系统服务价值遥感估算研究［D］．青岛：山东科技大学，2017.
③ 国家林业局．森林生态系统服务功能评估规范［M］．北京：中国标准出版社，2008.

物垃圾，将其分解为有机物和养分，保护环境的同时又创造了价值。

草地每年废弃物降解的价值公式为：

$$V_f=\frac{Z_i\times W\times n_i\times T_r}{R} \tag{3-13}$$

其中，V_f 表示该种草地类型每年废弃物降解的价值；Z_i 表示草原的载畜量，理论载畜量可利用已知的总年产草量50%的牧草利用率（可利用率）及1个羊单位日食草量为1.5kg来计算；W 表示1个羊单位1年粪便中排出的氮（N）、磷（P）的质量（1年内羊个体排出的N、P分别为6.2kg和1.2kg）（陈春阳、陶泽兴，2012）。n_i 表示碱解氮和速效磷转化为硫酸铵和过磷酸钙的系数，分别为4.762和3.373；T_r 表示氮肥和磷肥的能值转换率，分别为 3.9×10^9sej/g 和 1.1×10^9sej/g（蒋丽红，1997）；R 表示能值货币比率。[①] $V_f=1.5\times0.5\times(6.2+1.2)\times(3.9\times10^9+1.1\times10^9)/5\times10^{11}$，计算得出温性草原、高寒草原、高寒草甸的单位废物处理价值分别为500.254元/hm²、181.199元/hm²、1306.318元/hm²。结合各类草地面积估算得出：

$$V_7=175.36\text{（亿元/年）}$$

（5）生物多样性（V_8）。从理论上讲，生物多样性本身并不体现价值，但是随着人类活动的影响，生物物种减少的趋势在增加，从而表现出现存物种的稀缺性，尤其是一些珍稀濒危野生动植物，物以稀为贵，这时候物种存在的价值就体现出来了，越濒危稀少，其价值就越大。维持生物多样性价值目前主要采用物种迁地保护替代成本法，就是假设濒危野生物种继续生存下去所必需的食物、水、环境等一切生存条件完全由人为提供、人为创造和维持。参考Pimentel D. 等（1997）的研究结果[②]，1994年的草地生态系统生物控制的价值为每年23元/hm²，折合人民币149.5元/hm²，经价格指数换算，到2015年为185.32元/hm²。由于是对整体草地类型进行的价值估算，所以本研究假定各类型草地在维护生物多样性方面具有同样的功能而不分彼此，三种类

① Xiaobin Dong，Weilcun Yang，Sergio Ulgiati. The impact of humanactivities on natural capitalan ecosystem services of naturan North Xinjiang，China［J］. Ecological Modelling，2012，225（1）：28-29.

② Pimentel D，Wilson C，McCullum C，et al. Economic andenvironmental benefits of Biodiversity［J］. BioScience，1997，47（11）：747-757.

型草地的单位服务价值均为185.32元/hm^2，根据三江源三类草地面积数据得出其维持生物多样性价值共计：

$$V_8 = 31.45\text{（亿元/年）}$$

综合上述分析，V_1、$V_3 \sim V_8$各项生态服务功能价值估算结果根据生态实物量指标、计算公式及社会经济指标数值等参与价值评价，各项评估参数及数据如表3-3所示。

表3-3　各项评估参数及数据使用表

指标	含义	适用草地	数值
R_s	牧草利用率		50%
E_s	1个羊单位的鲜草日食量		4kg/d
Y	鲜草单产	温性草原	2674kg/hm^2
		高寒草原	1355kg/hm^2
		高寒草甸	1258kg/hm^2
NPP	地上部分净初级生产力（以干草产量表示）	温性草原	831t/hm^2
		高寒草原	301t/hm^2
		高寒草甸	2170t/hm^2
M	土壤保持量	温性草原	186.1t/hm^2
		高寒草原	163.7t/hm^2
		高寒草甸	448.1t/hm^2
G	吉布斯自由能		4.94J/g
T_{rw}	土壤中水的能值转化率		4000sej/J
n_i	碱解氮和速效磷转化为硫酸铵和过磷酸钙的系数		4.762/3.373
P_s	一只羊的标准价格		500元/只
P_o	工业氧气价格		376.46元/t
P_c	碳税价格		590元/t
T_r	氮肥及磷肥能值转换率		3.9×10^9 sej/g 1.1×10^9 sej/g
R	能值货币比率		5×10^{11} sej/元

（三）估算结果

（1）价值总量。为避免重复计算，本章核算草地生态系统服务功能价值时没有将文化服务价值（V_2）列入直接使用价值。草地文化服务价值在本研究中主要指游憩休闲价值，而在生态系统非使用价值评价的问卷调查法中借用被访者到三江源的旅游支付意愿获得（见第六章和附录一），因其价值在非使用价值中一并核算并通过非使用价值显示，所以在草地生态使用价值核算中不再包含其价值，为避免重复其价值核算，最后草地单位价值和总价值表未有显示。

加总草地各生态类型生态服务功能价值得到三江源区草地生态系统直接使用价值和间接使用价值总和为：

$$V=V_1+V_3+V_4+V_5+V_6+V_7+V_8=1437.85\text{（亿元/年）}$$

即，三江源草地生态系统服务功能使用价值总量为1437.85亿元/年。其中直接使用价值为8.48亿元/年，间接使用价值为1429.37亿元/年。不同草地类型提供服务功能价值，高寒草甸类价值最高，达到1310.45亿元/年，其次为高寒草原类型，服务功能总价值为103.8亿元/年，最后是温性草原类，总价值为23.59亿元/年（见表3-4）。

表3-4　三江源草地生态系统服务功能价值总量（使用价值） 单位：亿元/年

温性草原	高寒草原	高寒草甸	小计
0.2	1.31	6.97	8.48
4.63	13.54	328.48	346.65
8.55	25.04	353.00	386.59
0.74	5.47	21.69	27.90
6.26	44.58	410.57	461.41
2.34	6.85	166.17	175.36
0.87	7.01	23.57	31.45
23.59	103.80	1310.45	1437.84

（2）单位面积价值。在整个草地生态系统中，不同类型的草地对应不同鲜草产量和初级净生产力，从而导致不同类型草地对应生态系统服务功能价值不同。根据以上草地生态系统服务功能各项价值估算过程，得到三江源区三类草地单位面积生态功能价值，其中，最高的是高寒草甸类，为10301.914元/hm^2，最低为高寒草原类，为2745.52元/hm^2，温性草原类草地为5043.659元/hm^2（见表3-5）。

表 3-5　三江源草地生态系统单位服务功能价值　单位：元/hm²

生态系统服务类型		单位面积价值		
一级分类	二级分类	温性草原	高寒草原	高寒草甸
直接使用价值	供给服务价值	42.82	34.62	54.8
间接使用价值	吸收 CO_2	988.89	358.19	2582.3
	释放 O_2	1828.61	662.35	2775.085
	水源涵养	157.315	144.741	170.472
	土壤保持	1340.45	1179.1	3227.619
	废物处理	500.254	181.199	1306.318
	维持生物多样性	185.32	185.32	185.32
合计		5043.659	2745.52	10301.914

（3）价值构成。在整个三江源草地生态系统服务功能中，总价值最高的是土壤保持功能，达到 461.42 亿元/年，占草地生态服务功能价值总量的 32.09%；其次为释氧功能价值，为 386.6 亿元/年，占比为 26.89%；第三是吸收二氧化碳价值，为 346.65 亿元/年，占比为 24.11%。其他依次为废物处理功能价值，为 175.36 亿元/年，占比为 12.2%；维护生物多样性价值为 31.45 亿元/年，占比为 2.19%；水源涵养服务价值为 27.89 亿元/年，占比为 1.94%；直接使用价值最低，为 8.48 亿元/年，占比为 0.59%（见图 3-1）。

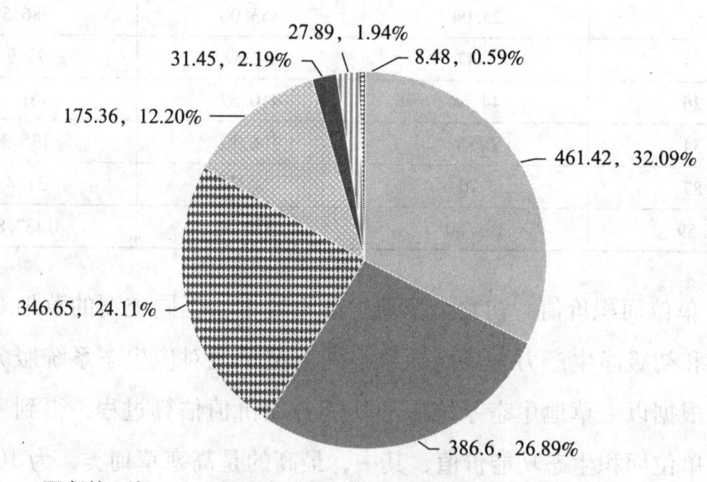

图 3-1　三江源不同草地生态系统服务类型总价值及其构成（单位：亿元/年）

不同草地类型提供服务功能价值，高寒草甸类价值最高。由于高寒草甸占三江源草地面积的绝大部分比重，加上其单位面积价值也是最高，估算结果为 131045.47×10^6 元/hm^2，占全区草地服务总价值的 91.14%；其次为高寒草原类型，服务功能总价值为 10380.2×10^6 元/hm^2，占草地总价值的 7.22%；第三位是温性草原类，总价值为 2358.79×10^6 元/hm^2，占比 1.64%（见图 3-2）。

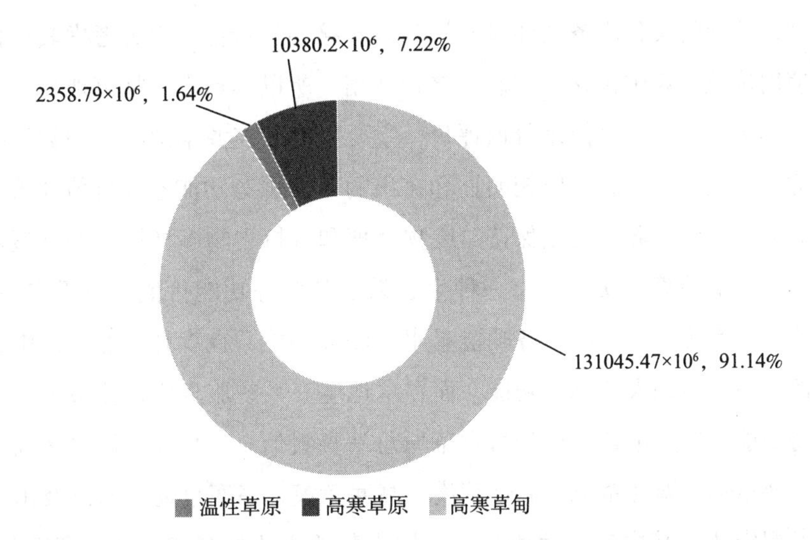

图 3-2　不同草地类型总价值生态服务价值及构成（单位：元/hm^2）

在这 7 项生态系统服务功能价值中，除食物生产是草地生态系统提供的直接使用价值外，其他的均为间接使用价值，间接使用价值达到 1429.36 亿元/年，占比高达 99.41%，是直接使用价值的 100 多倍。虽然本章价值估算中的直接使用价值中没有包含文化服务功能价值，但是可以明显地观察到，草地生态系统除了直接为社会提供产品之外，其表现在保持土壤、固碳释氧、废物处理、维持生物多样性和水源涵养等方面生态服务功能才是其价值构成的主体，在广袤的三江源地区为环境、为人类默默地工作着。

三、草地生态系统价值评价讨论

（一）生态价值和生态功能

生态价值包括使用价值和非使用价值，本章中，我们没有考虑三江源草地生态系统的非使用价值，只是估算其使用价值。直接使用价值主要分为大气调节（吸收 CO_2 和释放 O_2）功能、水源涵养功能、土壤保持功能、废物处理功能和维护生物多样性 5 类功能价值。生态价值和生态功能的选择也是基于多种考虑。一是只选取使用价值进行评价，考虑的是将非使用价值单独作为一章（第六章），所以没有在本章进行非使用价值核算。二是除了供给服务功能外，草地的文化服务功能没有被列入直接使用价值，因为考虑其价值量在非使用价值估算中包含了假想的旅行费用，所以本章没有将草地的文化价值核算其中。三是间接使用价值评价，主要根据三江源草地特点和数据获得性考虑，重点选取生态价值较明显和突出的 5 类服务功能参与价值评价，即大气调节、水源涵养、土壤保持、废物处理和维持生物多样性 5 个类型进行间接使用价值估算。实际上每一种生态系统其服务功能价值的侧重点不同，在湖泊生态系统中最大的服务功能是水源涵养功能，在森林生态系统中比例最大的服务功能是大气调节功能，而在草地生态系统服务中占比最大的是土壤保持功能。四是本章根据青海省草原总站资料信息，只在三江源区高寒草原、高寒草甸、温性草原、温性荒漠、高寒荒漠、高寒草甸草原以及山地草甸等类型中选取其中三类面积最大、构成草地主体的高寒草甸、高寒草原、温性草原参与价值核算，并以此作为源区整个草地生态系统服务功能价值，所以从草地生态类型的选取上看，本章核算出的草地生态价值也是要低于实际草地价值，但不影响文章利用评价方法去估算生态价值的意义和目的。

基于以上考虑，得出三江源区草地生态系统服务功能价值评价最终数据要低于实际草地生态价值。另外，还有一项为授粉价值，尽管已有研究对授粉价值也做出了一定的分析，但是也未予考虑。所以参与三江源草地生态价值评价的草地类型、价值类型和生态功能类型的选择上并没有包含其全部内容，尤其是几种生态功能的忽略自然降低了最后草地生态系统的实际经济价值。

（二）评价方法应用

研究中采用不同的理论和计算模型。利用能值分析理论、市场价值法、工程替代法、模拟市场法以及 NPP 模型等对草地生态系统进行功能价值评估。

与其他的研究相比，本章运用的能值分析理论和草地综合顺序分类法，在考虑到不同类型草地生态系统服务价值的差异的同时也在评估中对评估参数重新进行了设定，同时也引进了新的评估中介，将部分生态系统服务功能的核算价值通过能量货币转化比率，以货币价格来衡量其生态系统服务功能价值，用以减少对草地生态系统服务价值的估算误差。且运用能值分析理论可以克服支付意愿方法带来的缺陷，使整个评估结果更加客观科学。本章在使用替代价值评估时，在部分功能评价中运用了物质量计算和价值量计算相结合的评估方式，在土壤保持和大气调节功能中运用此种方式，在估算土壤保持功能时在物质量计算上运用 USLE 土壤流失方程式，通过对三江源地区不同土壤类型测算其不同的降雨侵蚀力因子、土壤可蚀性因子、坡长坡度因子（又称地形因子）、地表植被覆盖因子、土壤保持措施因子，将这一系列的影响因子相乘算出不同类型草地单位土壤保持价值。其价值量计算则是用减少废弃价值加上保持土壤肥力价值和减少泥沙淤积价值，这三类价值结合共同构成草地生态系统土壤保持价值的单位面积价值的价值量计算公式。

三江源草地生态系统服务评价中对土壤保持功能的分析运用能值转换的方法：将土壤侵蚀模数与减少的侵蚀土壤中碱氮、速效磷、速效钾的总量及氮肥、磷肥与钾肥的能值转换率相乘，再乘以能值转化因子，得出三江源草地生态系统土壤保持功能的单位面积价值。而在大气调节这一功能的测算中，我们将其分为吸收二氧化碳和释放氧气，对这两部分分别估算，运用 NPP 计算模型，将不同草地类型的 NPP 值与碳税价格和工业制氧价格相乘计算出不同草地类型的大气调节功能的单位面积价值。

除此之外，对于草地生态系统提供的文化服务价值和维护生物多样性价值在本研究中都采用了简化处理方式，没有过多涉及。在文化服务价值上利用问卷调查，通过假想条件下以游客身份的人们愿意去三江源旅游并支付一定的费用，以此意愿支付作为草地的文化服务价值。但是考虑其价值量较小，且在非使用价值估算中包含了假想的旅行费用，所以本章没有将草地的文化价值核算其中。维护生物多样性价值方面，本文只是参考已有的研究成果，利用 Pimentel D. 等研究得出的草地生物控制价值，并经价格指数换算后直接使用。其实文化服务价值和维护生物多样性价值是较难测算的数值，其他研究中涉及这方面的也比较少。随着一些珍稀濒危野生生物数量的下降，自然界面临物种稀缺、生物多样性下降的威胁，而生态系统维持生物多样性的功能越发显著，这部分的价值在未来必将越来越受到人们的重视，所以需要全面或单独衡量和估算。

（三）价值评价结果

截至目前，草地生态系统服务价值的评价研究所运用的理论和评估指标以及方法的差异性较明显，得出的评价结果，即使是同一个地区的同一类生态系统，其价值也有很大差别。例如刘敏超（2005）研究得出三江源草地生态系统服务价值约为700亿元/年；陈春阳等（2012）得出三江源草地生态系统服务价值为562.6亿元/年；辛玉春（2012）利用生态服务价值当量表和最新的草地调查数据研究得出的评估结果为4068.03亿元/年。赖敏等（2013）采用物质量与价值量相结合的方式得出三江源草地2000年、2005年和2008年的价值分别为884.97亿元、1302.06亿元和1299.49亿元。李琳、林慧龙等（2016）则利用能值分析理论和草地综合顺序分类法，得出2010年三江源地区草地生态系统服务总价值为1375亿~1780亿元，10年平均值约为1525亿元。

本书得出的三江源草地生态系统服务功能使用价值总量为1437.85亿元/年，与赖敏等和李琳、林慧龙等研究得出的结果比较接近。我们对草地生态价值评价结果的认识，要根据研究所运用的基础理论、评估指标和方法来区别看待，不强求一致。因为生态价值是建立在人们不同认识的基础上，价值评价结果不同，甚至有较大差异都是正常的。由于着重方法，价格变动引起的实际价值和名义价值等因素未做考虑，草地生态系统（包括水体和森林水体系统）价值估算基于某个特定年份，也没有进行货币时间价值的计算和比较。

第四章

三江源水体湿地生态系统价值

水是生命之源，万物灵动之载体。三江源因水而成源，是我国长江、黄河和澜沧江的源头汇水区，更是我国江河中下游地区和东南亚区域淡水补给的重要来源地，是维系地区生态环境安全和经济社会可持续发展的重要保障。水体湿地在整个三江源区生态系统中处于最核心、最重要的地位。本章价值核算根据三江源生态保护区天然水体湿地的水文、生物、土壤等组成要素的基本特征以及估算的可操作性，选取河流型湿地、湖泊型湿地和沼泽型湿地 3 个基本类型，基于实物量评价方法，具体采用类比法、替代费用法、影子工程法、条件价值法和碳税法等估算河流、湖泊和沼泽湿地三类水体生态服务功能的使用价值，并对结果进行分析讨论。

一、水体湿地类型与生态功能

（一）生态类型

与森林、草地等其他自然生态系统相比，水体湿地生态系统本身就存在复杂性，它比其他任何一个单一的生态系统都具有无法比拟的独特的生物环境。三江源区水体生态系统类型众多，区内密布的河流、湖泊和沼泽湿地又是该生态类型的典型代表，此外，还分布有众多雪山冰川和地下水等形态的水体。来自三江源国家公园管理局信息，据全国第二次湿地资源调查数据（2014 年 1 月 13 日，国家林业局），三江源区湿地总面积达 418.44 万 hm^2。其中河流湿地面积为 59.14 万 hm^2，湖泊湿地面积为 87.76 万 hm^2，沼泽湿地面积为 267.1 万 hm^2，水库池塘面积为 4.44 万 hm^2（见表 4-1）。

表 4-1 三江源水体湿地各生态类型面积与比例

类型	面积（万 hm^2）	比例（%）
河流	59.14	14.14
湖泊	87.76	20.97
沼泽湿地	267.10	63.83
水库池塘	4.44	1.06
合计	418.44	100

1. 河流生态系统

三江源河流生态系统分为外流河和内流河两大类，区内有大小河流约 180 多条，外流河主要是通天河（长江青海境内）、黄河、澜沧江（上游称扎曲）三大水系，支流由雅砻江、当曲、卡日曲、孜曲、结曲等大小河川并列组成。①河流湿地总面积为 0.5914 万 km^2，年均总径流量 324.17 亿 m^3，理论上水电蕴藏量 542.7 万 kW。

2. 湖泊生态系统

三江源是一个多湖泊地区，主要分布在内陆河流域和长江、黄河的源头段，大小湖泊 1800 余个。被列入中国重要湿地名录的有黄河源区的扎陵湖、鄂陵湖、玛多湖等。其中扎陵湖、鄂陵湖是黄河干流上最大的两个淡水湖，具有巨大的调节水量功能。②

3. 沼泽湿地生态系统

三江源自然保护区环境严酷，沼泽类型独特，在黄河源、长江的沱沱河、楚玛尔河、当曲河三源头、澜沧江河源都有大片沼泽发育，成为中国最大的天然沼泽分布区，总面积达 267.1 万 hm^2。沼泽基本类型为藏北嵩草沼泽，大多数为泥炭沼泽，仅有小部分属于无泥炭沼泽。沼泽湿地在涵养水源、维持生物多样性、气体调节等方面发挥着巨大的生态功能。

三江源水体湿地主体由河流、湖泊、沼泽湿地、雪山冰川和地下水构成。由于近几年冰川雪山不断消融，面积明显减少，源区地下水数据难得易变，水库池塘类型面积很小，所以三江源水体湿地生态系统服务功能价值评价仅

①② 三江源概况［EB/OL］. 青海省玉树州人民政府网，http://www.qhys.gov.cn/html/2/153653.html.

以河流、湖泊和沼泽湿地三种生态类型进行经济价值估算。

（二）生态功能

水是生命之源，是人类生存和发展的宝贵资源。三江源根据水体湿地生态系统类型和生态服务功能特征，借鉴前人研究成果，确定三江源水体湿地生态系统即河流、湖泊和沼泽湿地三种生态系统类型的 8 项生态服务功能与对应价值，包括物质生产功能（价值）、饮用水功能（价值）、水力发电功能（价值）、涵养水源功能（价值）、气候调节功能（价值）、提供物种栖息地和维持生物多样性功能（价值）（以下以维持生物多样性表示）、固碳释氧功能（价值）、科研文化功能（价值）参与生态系统服务功能价值评价。

由于不同水体类型所表现出的生态功能不尽相同，主导服务功能也应有所区别。如河流的淡水供给、水力发电能力突出，湖泊湿地涵养水源、维持生物多样性功能较强，沼泽在气体、气候调节、水源涵养等方面生态功能明显。考虑三江源区的河湖和沼泽的特点，所以在使用价值估算中价值依据的具体对象也有不同。直接使用价值中物质生产价值估算具体实物产出，仅以每年河流湖泊产鱼量与沼泽湿地产草和药材等价值表示；饮用水价值的评价仅对三江源地区内长江、黄河、澜沧江的饮用水价值进行估算；水力发电价值以长江和黄河为依据估算。间接使用价值估算中不同之处在于固碳释氧价值。固碳释氧功能主要指地面植被通过光合作用释放氧气和吸收二氧化碳，所以只选择了沼泽湿地类型的水体。

本章价值评价仅指三江源区水体湿地生态系统类型的使用价值，价值构成及对应生态类型见表 4-2。

表 4-2　三江源区水体湿地类型与生态价值构成

价值类型	生态价值构成	生态类型
直接使用价值	物质生产价值	河流、湖泊、沼泽
	饮用水价值	河流
	水力发电价值	河流
	科研文化价值	河流、湖泊、沼泽

续表

价值类型	生态价值构成	生态类型
间接使用价值	涵养水源价值	河流、湖泊、沼泽
	气候调节价值	河流、湖泊、沼泽
	维持生物多样性价值	河流、湖泊、沼泽
	固碳释氧价值	沼泽

二、价值估算

（一）数据来源与估算方法

1. 数据来源

本章涉及的三江源河流湿地面积（R）、湖泊湿地面积（H）和沼泽湿地面积（A）来源于三江源国家公园管理局提供的“全国第二次湿地资源调查数据”（2014 年 1 月 13 日，国家林业局）。其他大多数实物数据来源于 2005—2015 年的《青海统计年鉴》以及《中国统计年鉴》，部分评价标准和参数参考了已有的研究成果和全国生态环境质量报告（2014 年）、《青海三江源生态保护和建设二期工程规划》以及部分有关网站，如国家电力信息网、青海省玉树州人民政府网等。

2. 指标与方法

根据三江源水体湿地生态系统类型特点以及数据资料可得性，直接使用价值选取物质生产价值、饮用水价值、水力发电价值和科研文化价值；间接使用价值包括涵养水源价值、气候调节价值、维持生物多样性价值、固碳释氧价值（见表 4-2）。基于物质量评价方法，借鉴已有研究成果并结合三江源水体湿地生态服务功能特点，具体采用价值估算对象及方法为：运用类比法核算其物质生产的价值；运用替代费用法核算其降解污染物的价值，替代费用法是通过估算替代品的花费而代替环境效益或服务的价值；运用影子工程法核算其净化水质、涵养水源的价值；运用条件价值法核算其提供物种栖息地及生物多样性的价值；运用碳税法核算其大气调节的价值。

（二）价值估算

1. 直接使用价值

水体湿地生态系统直接使用价值又分为直接产品价值和直接服务价值，本文水体湿地直接使用价值选取物质生产价值即产鱼量价值（V_1）与产草和药材价值（V_2）、饮用水价值（V_3）、水力发电价值（V_4）和科研文化价值（V_5）。

（1）物质生产价值。物质生产价值或物质产品价值是指水体湿地生态系统提供的丰富的动植物产品和矿物资源等实物价值。考虑三江源区的河湖基本没有实际的矿物资源生产，且生态保护禁止进行开采，所以，本章对三江源水体湿地物质生产价值的估算仅以每年河流湖泊产鱼量价值（V_1）表示，沼泽湿地物质生产价值估算以每年产草和药材等价值（V_2）表示。2014 年中国第二次湿地资源调查显示，青海省湿地资源面积居全国第一，是全球影响力最大的生态调节区。三江源水体资源污染较少，水质优良，具有较大物质生产能力。因此，采用类比法，依据 Cosntanza（1997）研究成果数据，估算 2015 年三江源水体（河流湖泊）物质生产价值 C_1 为 41 美元/hm^2，折合人民币为 255. 36 元/hm^2。沼泽湿地食物生产价值 C_2 为 256 美元/hm^2，折合人民币为 1594. 47 元/hm^2。公式如下：

$$V_1 = C_1 \times (R+H) \tag{4-1}$$

$$V_2 = C_2 \times A \tag{4-2}$$

其中，R 为河流湿地面积，H 为湖泊湿地面积，A 为沼泽湿地面积；C_1 为河流湖泊食物生产价值，C_2 为湿地食物生产价值（其中，$R=59.14$ 万 hm^2，$H=87.76$ 万 hm^2，$A=267.1$ 万 hm^2）。

估算结果：

$$V_1 = 3.75\text{（亿元/年）}$$

$$V_2 = 42.59\text{（亿元/年）}$$

（2）饮用水价值。河流是淡水贮存和保持的重要场所，是人类依赖的最重要的淡水资源。青海三江源的水质较高，河流水质 90%以上达到一类饮用水标准。随着下游经济社会发展对水体水质的污染加剧，以及全球气候变暖，三江源水质保护显得尤为珍贵。

三江源饮用水价值的评价仅对三江源地区内长江、黄河、澜沧江的饮用水价值进行估算（V_3）。以长江、黄河、澜沧江三大河流年均产水量（Q_1）约 499 亿 m^3 为依据参数。三江源区供水不只限于青海省，还包括青海省以外的其他省份，根据青海省水费查询网，2015 年居民生活用水（含污水处理）价格（P_1）为 2.65 元/m^3。

饮用水价值计算公式如下：

$$V_3 = P_1 \times Q_1 \tag{4-3}$$

其中，P_1 为居民生活用水单位价格，Q_1 为水资源量。根据水资源价值存量核算法，计算淡水价值，结果为：

$$V_3 = 1322.35\text{（亿元/年）}$$

（3）水力发电价值。“三江源区各河道不仅水量丰富，而且具有坡陡流急的特点，蕴藏的水力资源十分可观。”① 根据国家电网（www.sgcc.com.cn）公布的统计数据，长江流域可开发的水电装机容量为 19724 万 kW，年发电量 10275 亿 kW·h，黄河流域可开发的水电装机容量为 2800 万 kW，年发电量 1170 亿 kW·h。本章根据三江源黄河和长江分别占整个黄河和长江总水量的比例对应在全国的发电总量估算其蕴含的水力发电价值，得到黄河在青海的年总发电量达到 687 亿 kW·h，长江流域发电量为 205.5 亿 kW·h。澜沧江因为数据缺失，加之目前对我国电力供应贡献度较小，故本次核算不将其考虑在内。根据国家统计局，2015 年供电均价（P_2）取 0.51 元/kW·h。

三江源区河流的水力发电价值（V_4）公式如下：

$$V_4 = P_2 \times Q_2 \tag{4-4}$$

其中，P_2 为供电单位价格，Q_2 为水力发电量。根据影子电价法，用输配电价影子价格来计算电网工程的国民经济效益。最终计算得出：

$$V_4 = 455.17\text{（亿元/年）}$$

（4）科研文化价值。黄河、长江是中华民族的母亲河，孕育了黄河文明和长江文明，具有丰富的科研文化价值。此外，三江源水体湿地生态系统具

① 《三江源自然保护区生态环境》编委会．三江源自然保护区生态环境［M］．西宁：青海人民出版社，2002.

有丰富的动植物资源，甚至还有珍稀濒危物种，是重要的物种基因库，为科研教育提供了丰富的平台与基地，科研文化价值十分明显。

本章估算三江源水体湿地科研文化价值选用类比法。陈仲新等（2000）估算我国生态系统科研文化价值为 382 元/hm^2，① Constanza（1997）② 估算全球湿地文化科研价值为 861 美元/hm^2，折合人民币 5362.65 元/hm^2，目前国内学者一般取两者的平均值为水源湿地的科研文化价值，考虑到三江源水体湿地孕育了长江、黄河、澜沧江三条大河大江，具有较高的科研文化价值，本章采用了 Constanza 等研究成果计算三江源水体湿地的科研文化价值（V_5），公式如下：

$$V_5 = T \times (A+R+H) \tag{4-5}$$

其中，T 为单位面积水源湿地的科研文化价值，A 为沼泽湿地面积，R 为河流湿地面积，H 为湖泊湿地面积。根据当量因子法，三江源水体湿地科研文化价值为：$V_5 = 222.01$（亿元/年），经 2015 年价格指数折算得到：

$$V_5 = 324.58 \text{（亿元/年）}$$

因此，水体湿地直接使用价值为：

$$V_{直} = V_1 + V_2 + V_3 + V_4 + V_5 = 2148.44 \text{（亿元/年）}$$

2. 间接使用价值估算

本章选取三江源区水体湿地生态系统提供的涵养水源（V_6）、气候调节（V_7）、维持生物多样性（V_8）和固碳释氧功能价值（V_9）作为间接使用价值进行估算。

（1）涵养水源价值。涵养水源是三江源生态系统的重要生态服务功能，源区水体湿地的涵养水源的价值主要体现在河湖沼泽通过截留蓄积降水、补充地下水和调节河川流量等所产生的价值。

三江源水体湿地涵养水源价值（V_6）选用影子工程法。每建设 1m^3 库容需投入的成本约 1.449 元，径流系数取 0.5，年降水量为 387mm，每单位

① 陈仲新，张新时．中国生态系统效益的价值［J］．科学通报，2000（1）：17-22.

② Constanza R，d'Arge R，de Groot R，et al. The value of the world's ecosystem services and nature capital［J］. Nature，1997（387）：253-260.

（m^3）库容成本为 1.449 元，由 $W=(A+R+H)\times S\times L$ 得出 $W=8.0109$ 亿 m^3。

$$V_6=W\times P_3 \tag{4-6}$$

其中，A 为沼泽湿地面积，R 为河流湿地面积，H 为湖泊湿地面积，W 为涵养水源总量，S 为径流系数，L 为年降水量（mm），P_3 为三江源每建设 $1m^3$ 库容的投入成本。根据以上公式及各相关数据计算，并根据相应价格指数折算到 2015 年，得到：

$$V_6=11.61\times 1.313=15.24\ （亿元/年）$$

（2）气候调节价值。湿地最重要的功能是调节气候。湿地的主体是大面积的水面，除此之外，还有底泥、软岸及植被等要素。这些要素共同作用，调节和改变着湿地周边的气候。气温升高，湿地水分蒸发，为周边提供充足的水汽，液态水转化为气态水时吸收热量，降低大气温度。当空气中的湿度达到一定程度，大气温度适宜时，水汽结合空气中的微小颗粒物，形成降水，补充河流水、湿地水，保持当地的湿度和降雨量。

三江源水体湿地气候调节价值（V_7）选用替代费用法评估，公式如下：

$$V_7=(A+R+H)\times t \tag{4-7}$$

其中，A 为沼泽湿地面积，R 为河流湿地面积，H 为湖泊湿地面积，t 为 $1hm^2$ 水体湿地气候调节价值，参照谢高地（2015）生态系统评估价值，$t=7301.26$ 元/hm^2，计算得：

$$V_7=302.25\ （亿元/年）$$

（3）维护生物多样性的价值。水体湿地是鱼类和贝类重要的孵化和哺育场所，在水体湿地生态系统中，形成了有利于水禽和野生动物的食物链，其独特的栖息环境，造就了丰富的生物多样性。

三江源水体湿地维护生物多样性的价值（V_8）选用条件价值法，公式如下：

$$V_8=(A+R+H)\times C_3 \tag{4-8}$$

其中，A 为沼泽湿地面积，R 为河流湿地面积，H 为湖泊湿地面积。借鉴谢高地等（2003）研究的青藏高原生态资产价值为 2234 元/hm^2,① Constanza 等（1997）对全球湿地生态系统栖息地功能价值折合人民币 2494 元/hm^2，考虑到三江源水体湿地生物多样性丰富的特点，C_3 取以上平均值为 2346 元/hm^2。

最终经过价格指数折算得到（2015 年）：

$$V_8 = 143.54\ （亿元/年）$$

（4）固碳释氧价值。三江源水体湿地固碳释氧功能（V_9）是指水体湿地每年由地面植被通过光合作用释放氧气（O_2）吸收二氧化碳（CO_2）的功能，选用碳税法和工业制氧法核算。由于固碳释氧功能主要体现在地面植被通过光合作用而产生，所以对固碳释氧价值的估算只针对沼泽湿地类型的生态系统。

固碳释氧价值计算公式如下：

$$1g\ 鲜草 \sim 释放\ 1.20g\ O_2 \sim 1000\ 元/t$$

$$1g\ 鲜草 \sim 吸收（固定）1.62g\ CO_2 \sim 1200\ 元/t \qquad (4-9)$$

三江源水体湿地生态系统每年释放 O_2 量为每年生产的鲜草量（新鲜草量是干草量的 3 倍）乘以生产 1g 鲜草释放的 1.2g O_2，计算出释放的 O_2。依据国家林业局发布的《森林生态系统服务功能评估规范》，制造氧气的成本为 1000 元/t，吸纳 CO_2 量为每年可生产鲜草量乘以生产 1g 植物干物质需要 1.62g CO_2，计算出每年吸收的 CO_2，固碳成本以《森林生态系统服务功能评估规范》为标准，取值 1200 元/t。三江源湿地干草量借鉴秦嘉龙等（2014）研究三江源湿地生态效益补偿所用数值，即 0.0664kg/m^2。② 折算三江源地区湿地鲜草量为 532.06 万 t/年。

计算结果释放 O_2 折算价值为 63.86 亿元/年，吸收（固定）CO_2 折算价值为 138.00 亿元/年，加总得 $V_9 = 201.86$ 亿元/年。

经 2015 年价格指数折算得到：$V_9 = 188.300$（亿元）。

① 谢高地，鲁春霞，冷允法，等．青藏高原生态资产的价值评估［J］．自然资源学报，2003（2）：189-196.

② 秦嘉龙，刘玉．三江源湿地生态效益补偿的核算与评价［J］．会计之友，2014（5）.

（三）估算结果

1. 价值总量

根据不同类型水体生态功能以及各自面积估算，得到三江源区水体湿地使用价值总量为2797.77亿元/年（以2015年为例），其中直接使用价值为2148.44亿元/年，间接使用价值为649.33亿元/年。按每项生态系统服务价值量由高到低依次为：饮用水价值1322.35亿元/年；水力发电价值455.17亿元/年；科研文化价值324.58亿元/年；气候调节价值302.25亿元/年；固碳释氧价值188.30亿元/年；维持生物多样性价值143.54亿元/年；湿地物质生产价值42.59亿元/年；涵养水源价值15.24亿元/年；河流湖泊物质生产价值3.75亿元/年（见表4-3）。

表4-3 三江源水体湿地各生态类型服务功能价值（使用价值）

价值类型	子价值项目	产出价值（亿元/年）
直接使用价值	河流湖泊物质生产价值	3.75
	湿地物质生产价值	42.59
	饮用水价值	1322.35
	水力发电价值	455.17
	科研文化价值	324.58
小计		2148.44
间接使用价值	涵养水源价值	15.24
	气候调节价值	302.25
	维持生物多样性价值	143.54
	固碳释氧价值	188.30
小计		649.33
合计		2797.77

按照三种水体类型分，河流生态系统提供的使用价值总量为1891.25亿元/年，湖泊提供的使用价值总量为168.77亿元/年，沼泽湿地为737.74亿元/年。

2. 单位价值

由于水体湿地生态价值估算方法以及各类价值所依据的水体湿地生态类

型不尽相同，所以在计算水体湿地类型的单位价值时，采用总量价值下结合各类型水体的面积测算得到。根据表 4-1、表 4-2 和表 4-3 数据测算得到三江源各类型水体的单位生态价值。三类不同水体的单位面积生态价值，其中最大的是河流生态系统，单价为 319792.75 元/hm^2，其次是沼泽，为 27620.41 元/hm^2，最后是湖泊，单位面积生态价值为 19231.37 元/hm^2（见表 4-4）。

表 4-4　三江源水体湿地各生态类型服务功能单位价值　单位：元/hm^2

生态系统服务类型		生态类型		
一级分类	二级分类	河流	湖泊	沼泽
直接使用价值	物质生产价值	255.36	255.36	1594.47
	饮用水价值	223596.55	—	—
	水力发电价值	76964.83	—	—
	科研文化价值	7840.1	7840.1	7840.1
间接使用价值	涵养水源	368.12	368.12	368.12
	气候调节	7301.26	7301.26	7301.26
	维持生物多样性	2346	2346	2346
	气体调节（固碳释氧）	—	—	7049.79
合计		319792.75	19231.37	27620.41

3. 价值构成

从三江源水体湿地使用价值构成比例来看，总价值中饮用水价值最高，占比达到 47.26%，其次为水力发电价值，占比为 16.27%，第三位为科研文化价值，占比为 11.60%。最低的为河流湖泊物质生产价值，占比仅为 0.13%，次低的是涵养水源价值，占比为 0.54%，稍高的是沼泽湿地物质生产价值，占比为 1.52%。中间由高到低依次为气候调节价值、固碳释氧价值、维持生物多样性价值。这也反映了水源湿地生态系统的特点和生态服务功能的特征：重要的供给和文化服务价值（见图 4-1）。

价值估算结果显示，三江源区水体湿地生态系统直接使用价值约为 2148.44 亿元/年。其中河流湖泊物质生产价值为 3.75 亿元/年，占直接使用价值的 0.17%；沼泽湿地物质生产价值为 42.59 亿元/年，占直接使用价值的 1.98%；饮用水价值为 1322.35 亿元/年，占直接使用价值的 61.55%；水力发电价值为 455.17 亿元/年，占直接使用价值的 21.19%；科研文化价值为

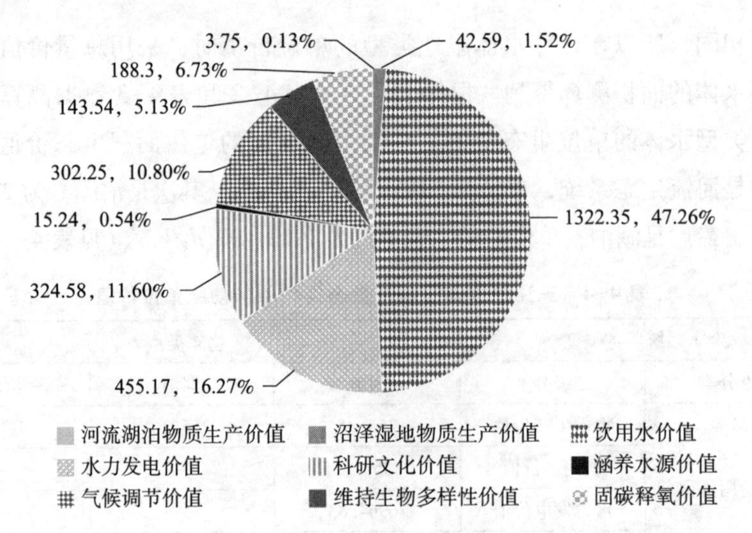

图 4-1　三江源水体湿地生态系统各类型使用价值及构成（单位：亿元/年）

324.58 亿元/年，占直接使用价值的 15.11%。由此可见，三江源水体湿地生态系统的直接使用价值主要体现在饮用水价值、水力发电价值和科研文化价值上，这三项价值共计 2102.1 亿元/年，占直接使用价值的 97.85%（见图 4-2）。

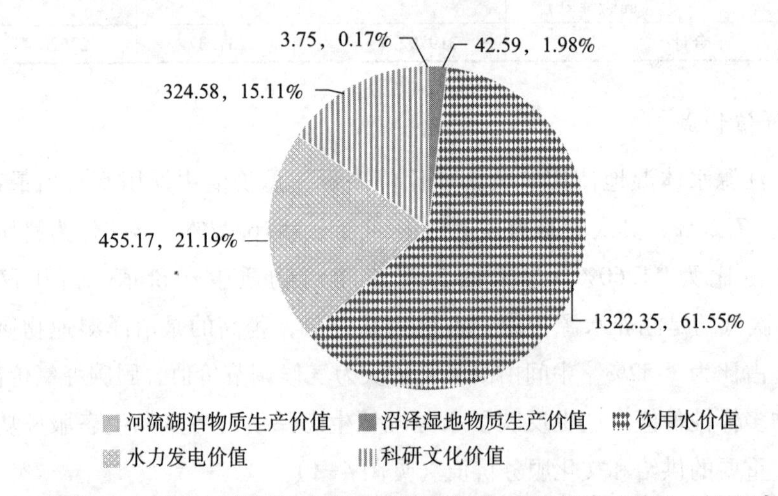

图 4-2　三江源水体湿地生态系统直接使用价值及构成（单位：亿元/年）

三江源区水体湿地生态系统间接使用价值约为 649.33 亿元/年。其中涵养水源生态服务价值为 15.24 亿元/年，占间接使用价值的 2.35%；气候调节价值为 302.25 亿元/年，占间接使用价值的 46.55%；维持生物多样性价值为 143.54 亿元/年，占间接使用价值的 22.11%；固碳释氧价值为 188.30 亿元/

年，占间接使用价值的 29.00%。由此可见，三江源水体湿地生态系统的间接使用价值主要体现在气候调节价值、固碳释氧价值和维持生物多样性价值上，三项价值共计 634.09 亿元/年，占间接使用价值的 97.66%（见图 4-3）。

此外，尽管维持生物多样性、固碳释氧等价值所占比重不高，但它们发挥着不可忽视的作用。

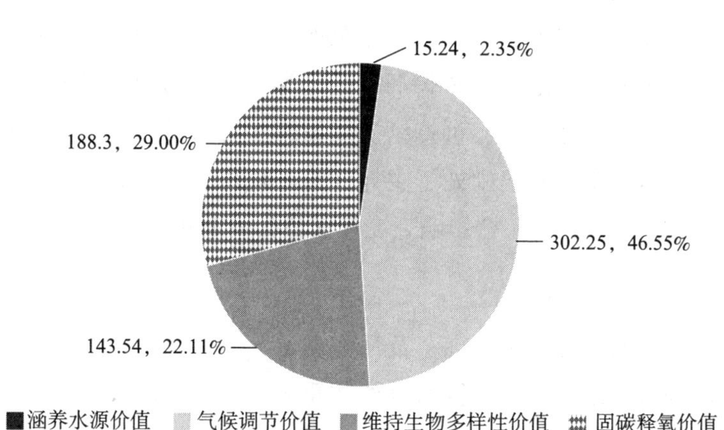

图 4-3　三江源水体湿地生态系统间接使用价值及构成（单位：亿元/年）

三、水体湿地生态价值评价讨论

（一）对估算结果的认识

首先，本章对三江源水体湿地生态系统估算范围有限，所以核算最终的价值量也偏低。主要原因：一是本章估算的只是水体湿地的一部分，三江源区独特的冰川雪山、地下水以及少量的水库池塘核算过程中未考虑在内。二是考虑三江源区的河湖和沼泽的特点，所以在使用价值估算中价值依据的具体对象也有不同，直接使用价值中物质生产价值估算，具体实物产出仅以每年河流湖泊产鱼量和沼泽湿地产草和药材等价值表示；饮用水价值的评价仅对三江源地区内长江、黄河、澜沧江的饮用水价值进行估算；水力发电价值以长江和黄河为依据估算。间接使用价值估算中只选择沼泽湿地类型水体。所以对于水体湿地所表现出的整体生态功能，实际上并没有全部考虑到，仅仅选取的是生态类型的主导服务功能参与估算价值，所以，综合两方面的原因考虑，最终估算的三江源水体湿地生态类型的生态价值应该是明显偏低的。

其次，三江源地区湿地类型有着相似的服务功能，但由于在区域位置、物质流通和能量循环以及本身湿地特征等方面存在较大差异，主导服务功能也应有所区别。如河流在水资源供给、水力发电、气候调节方面功能较大，而湖泊和沼泽湿地在涵养水源、维持生物多样性等方面价值较高。如本章核算的河流的淡水供给价值就是最大的。

源头活水成就大河奔流，虽然水体湿地在三江源区面积不是最大，但作为我国长江、黄河和澜沧江的源头汇水区，为我国江河中下游地区和东南亚区域生态环境安全和经济社会可持续发展发挥了无可替代的作用，水体湿地在三江源整个源区生态系统中处于主导和核心地位，所以其生态服务功能价值无论核算结果如何，都不会影响它在三江源头关键和核心的生态地位。

（二）价值评价方法

三江源因水而成源，是长江、黄河和澜沧江的源头汇水区，是我国大江大河中下游地区和东南亚区域淡水补给的重要来源地，对维系地区生态环境安全和经济社会可持续发展具有极其重要的意义。源头活水成就大河奔流，可以说水体湿地在整个三江源区生态系统中处于核心、主导地位。尽管很多学者对水体（水源）湿地生态价值进行了评估研究，但是由于对水体湿地生态系统服务价值功能的理解和分类不同，采取的评价方法各异，物质量指标和价格参数也存在差异，这也影响了水体湿地生态系统服务价值评价结果的准确程度。本章对三江源水体湿地的生态价值进行的估算仅选取河流型湿地、湖泊型湿地和沼泽型湿地简单 3 种基本类型，对应生态服务功能与价值也仅从其有限的物质生产功能、饮用水功能、水力发电功能、涵养水源功能、气候调节功能等 8 个方面进行价值评价。但是由于水体本身形态的多样性以及在整个生态系统有机体中能量输入输出的多面性、生态系统功能的复杂性，单纯就其生态系统价值评价来说，一方面带来评价难度的增加，另一方面难免会影响价值估算结果的准确性。基于实物量评价方法进行评价和分析，具体采用和借鉴了尽可能多的方法，其目的还是通过对三江源主要水体类型和其生态功能的认识突出其价值。

第五章

三江源森林生态系统价值

森林是地球上重要的生态系统类型之一，具有调节气候、保持水土、涵养水源、美化环境等多种生态功能。与其他生态类型相比，森林生态系统构成相对完整且分布比较集中，其生物生产力也是所有生态类型中最大的，正因如此，森林和人类的关系最密切，也最容易引起人们的关注。三江源森林生态系统数量少且分布集中，与草地的基础支持作用和水体的主导地位相比，森林生态系统在三江源地区数量较少、空间分布较集中、单位生态价值大，所以森林生态系统在三江源地区地位比较独特，源区生态保护和建设中有许多措施都是针对森林的。

与前两章价值评价的实物量方法不同，本章森林生态系统服务功能价值的评价运用的是当量因子法。

一、源区森林类型与生态功能

（一）森林类型

从三江源森林在源区的分布情况看，林地多集中分布于东部和中南部，主要在果洛州的玛沁县、班玛县，玉树州的囊谦县等地区。其中，青海果洛藏族自治州境内的玛可河林区是青海省最大的林场，也是全国海拔最高的林场，林区拥有茂密的原始森林和丰富的动植物资源，被誉为果洛“小江南”，也是很多生物学家、生态学家开展研究的天堂。

因受到气候、海拔、地形等因素的影响，三江源区域的森林植被类型比较少，多为树木稀疏的疏林地和生长矮小的灌木丛。总体来说，三江源区在高原高寒气候条件下形成的森林类型以寒温带的灌木林和针叶林为主，较少地分布有阔叶林、针阔混交林、乔灌混交林、人工幼林等其他植被类型。根据青海省基础地理信息中心得到的数据，三江源区的林地类型可以分为乔木林、灌木林、乔灌混交林、疏林、绿化林地、人工幼林、稀疏灌草丛几类，面积分别为：乔木林 3537.26km^2、灌木林 22510.24km^2、乔灌混合林 120.4km^2、疏林 147.16km^2、绿化林地 2.64km^2、人工幼林 65.91km^2、稀疏灌草丛 46.19km^2。其中，乔木林又分为阔叶林、针叶林和针阔混交林；灌木林又分为阔叶灌木林、针叶灌木林及稀疏草灌（见表 5-1）。

表 5-1　三江源区森林类型、林地面积及构成

林地类型	林地类型细分	面积（km^2）	面积占比（%）
乔木林	阔叶林	182.82	0.69
	针叶林	3294.15	12.46
	针阔混交林	60.29	0.23
灌木林	阔叶灌木林	21209.05	80.25
	针叶灌木林	69.02	0.26
	稀疏草灌	1232.17	4.66
乔灌混交林	乔灌混交林	120.4	0.46
疏林	疏林	147.16	0.56
绿化林地	绿化林地	2.64	0.01
人工幼林	人工幼林	65.91	0.25
稀疏灌草丛	稀疏灌草丛	46.19	0.17
合计		26429.8	100

资料来源：根据青海省基础地理信息中心数据整理得到。

由表 5-1 可以看出，乔木林与灌木林两种林地类型在三江源区森林生态系统中所占比重最大，两者的面积合计达到源区森林总面积的 98.55%，基本上可以涵盖源区整个森林生态系统，其他乔灌混交林、疏林、绿化林地等类型比重很小。因此，在生态系统服务功能价值评价过程中用乔木林与灌木林参与价值核算以代表整个源区森林，即以阔叶林、针叶林、针阔混交林以及灌木林为本章进行价值估算的 4 种森林类型。

乔木与低矮的灌木相比，树身比较高大，在生态功能上和使用价值上都起主导作用，诸如提供绿荫、调节气候、提供木材等。在气候干燥或寒冷，不适宜乔木生长的地方，常有灌木林分布。灌木林具有涵养水源、保持水土和防风固沙等功能，能改善生态环境，同时还可提供燃料和饲料等。所以灌木林的生态功能和经济价值都是森林生态系统服务功能价值的重要组成部分，常见的灌木林类型有阔叶灌木林、针叶灌木林和稀疏草灌。

（二）生态功能与价值

本章在三江源区森林生态系统类型和资源特点的基础上，采用 MEA 的方法，将该生态系统服务分为供给服务、调节服务、支持服务和文化服务 4 类，在此 4 个一级服务功能的基础上细分为 9 种二级生态系统服务功能，即资源供给、气体调节、气候调节、净化环境、水文调节、土壤保持、维持养分循环、生物多样性及美学景观服务功能。这种分类方法也是谢高地的当量因子法所采用生态功能分类，只是本研究将其中的供给服务合并为一项，最终有 9 项生态服务功能参与评价，对应的价值也为 9 项，具体生态功能与价值见表 5-2。

表 5-2　三江源森林生态系统服务功能分类

森林类型	一级生态服务功能	二级生态服务功能
针叶林	供给服务	资源供给
针阔混交林	调节服务	气体调节
		气候调节
		净化环境
		水文调节
阔叶林	支持服务	土壤保持
		维持养分循环
		生物多样性
灌木林	文化服务	美学景观

森林生态系统的植被能够为人类社会及动物提供食物、木材、水资源等，提供的主要食物有：可食用菌类、药材、肉类等，而原材料生产主要包括木材、燃料、动物毛皮等工业产品的原材料。这些都属于资源供给类服务，所以，本章将食物生产、原材料生产和水资源供给合并为一项即资源供给服务

纳入核算过程。

气体调节、气候调节、净化环境和水文调节都属于森林生态系统的调节服务功能。森林植被在进行光合作用时释放出大量的氧气，同时还可以吸收CO_2、HF、SO_2、Cl_2等气体，人为排放的二氧化碳中的碳元素有相当大一部分被植被固定。相关研究指出，森林的碳储存量占总的碳储存量的39%以上。森林中植物的光合作用、蒸腾作用对周围环境的温度、湿度、降雨量等都有一定的调节作用，能够缓解温室效应，调节局部气候；森林生态系统的各种树木植被和生物在生长过程中，可以吸收或分解环境中的一些重金属物质，一定程度上能起到杀灭病菌、控制污染、净化环境、消除废弃物的作用；水文调节功能是指森林生态系统的植被、土壤通过截留降水、抑制蒸发、缓和地表径流、增加降水等达到涵养水源的作用。

土壤保持、维持养分循环和生物多样性共同构成森林生态系统的支持服务功能。森林植被生长在地表，它们可以防止土壤侵蚀和泥沙灾害，起到防止水土流失的作用，同时植被具有良好的改良土壤及培养土壤肥力功能；森林生态系统在对N、P等元素与养分的储存、循环和利用过程中体现的是其维持养分循环功能；森林维持生物多样性方面，主要体现在林地内部传粉、生物控制以及为野生生物提供栖息地等服务功能。此外，森林生态系统特有的动植物以及昆虫等生物所构成的庞大的基因库资源也是维持生物多样性的重要生态功能。

美学景观功能主要体现在森林为人们提供休闲娱乐、科学研究、体验大自然魅力等文化服务功能。三江源区拥有着相当丰富的美学资源以及旅游资源，每年都吸引大量游客来此体验大自然的魅力。同时，各类生态系统和资源还为科学实验提供了研究材料和基地，促进了科技进步和人类文明的发展。例如，青海三江源区泽库县麦秀国家森林公园为国有天然林保护工程的重点林区，有着丰富的森林景观、自然山水景观、古迹遗址和人文景观。班玛县的玛可河林场是国内海拔最高的天然原始林场，林场内茂密的原始森林和丰富的动植物资源使这里成为青少年教育和开展各种林学以及生物学、生态学研究的天堂。

根据生态系统不同功能与服务价值的对应关系，上述森林生态系统的四个一级服务功能：供给服务、调节服务、支持服务和文化服务与生态服务价值匹配对应，可以归为直接使用价值和间接使用价值两大类，也就是森林提供的使用价值。具体来说，资源产品供给价值和旅游文化价值构成了三江源区生态系统的直接使用价值，当然可以通过直接的市场收入来核算其价值大小；废物处理、水源涵养、气体和气候调节、土壤保持及维持生物多样性服务价值等构成了三江源区生态系统的间接使用价值，它们是三江源区生态系统提供的重要服务类型，构成森林生态系统服务功能价值主体。具体分类如表 5-3 所示。

表 5-3　三江源区森林生态服务功能价值分类

价值类型	生态服务价值	各生态服务功能价值
直接使用价值	供给服务价值	资源产品价值
	文化服务价值	美学景观价值
间接使用价值	调节服务价值	气体调节价值
		气候调节价值
		净化环境价值
		水文调节价值
	支持服务价值	土壤保持价值
		维持养分循环价值
		维持生物多样性价值

二、价值估算

（一）思路与方法

本研究所用到的方法主要是基于专家知识的价值评价方法。具体来说，借鉴谢高地等研究的生态系统单位面积服务功能价值量的方法，修订得到森林生态系统服务功能价值单价体系，核算其各项生态价值，并用价格指数进行调整，核算森林 2015 年的生态系统服务功能总价值。

专家知识价值评价法是由中国科学院地理科学与资源研究所资源科学中心研究员谢高地等分别在 2002 年和 2007 年两次对中国多位具有生态学背景的专业人员进行问卷调查，以这些专家的评价打分作为依据，并结合其他评价方式，做出的中国陆地生态系统的生态服务价值当量表，并在 2015 年有第三次调整，使该法评价的实用性、有效性和科学性都得到了提高，因此也称当量因子法。

当量表中一个标准生态系统服务价值当量因子是指每公顷全国平均主要农产品（以我国三大粮食作物为参照体，即稻谷、小麦和玉米）每年产出的经济价值。谢高地得出的2010年标准生态系统生态服务价值当量因子经济价值量的值为3406.50元/hm^2。

本研究对2015年全国平均农田的粮食产量价值进行查阅、核算，发现不同年份的粮食投入产出的价格变动较大，为消除价格因素变动较大的影响，本章在对三江源地区森林生态系统服务功能价值估算时采取了适当的处理，即采用连续5年（2010—2015年）的粮食作物平均单位面积经济效益进行核算。

（二）数据来源

森林生态系统类型及面积数据来源于青海省基础地理信息中心，全国主要粮食作物面积、单价及成本等数据来源于《中国统计年鉴》（2016）和《全国农产品成本收益资料汇编2017》。森林生态系统单位面积价值当量因子数据来自谢高地等2015年研究改进的单位面积生态系统服务功能价值基础当量表。[①] 数据应用方向：明确林地构成及面积，森林生态系统各项服务价值的价格换算（有关价格核算全部折算到2015年），核算全国主要粮食作物（水稻、小麦、玉米）单位面积平均收益，得到森林生态系统单位面积服务功能价值量，用于森林生态系统各森林类型生态功能服务价值核算。

（三）价值评价

（1）森林生态系统单位价值当量表制定。基于谢高地等（2015）中对单位当量因子的算法，可知单位当量因子的价值可表述为：

$$D = \sum_{i=1}^{3} S_i \cdot F_i \tag{5-1}$$

其中，S_1、S_2、S_3分别表示稻谷、小麦以及玉米三大主要粮食作物的播种面积占总的播种面积的比例。F_1、F_2、F_3分别表示稻谷、小麦以及玉米每年每公顷的净利润。

根据每年主要粮食作物的市场价格对生态系统的价值评估有明显的影响，

① 谢高地，张彩霞，张雷明，等．基于单位面积价值当量因子的生态系统服务价值化方法改进[J]．自然资源学报，2015，30（8）：1243-1254.

谢高地等以 2010 年为例，1 个标准当量因子的生态系统服务价值量达到 3406.5 元/hm^2，若照此计算，以 2015 年为例，当年的玉米出现亏损，其单位当量因子的价值为 98.19 元/hm^2。因此，为避免价格和时间因素对单位当量因子价值的影响，本研究选取我国 2011 年到 2015 年三大主要粮食作物的平均净利润作为 2015 年各主要粮食作物净利润进行计算。其主要粮食作物各项指标如表 5-4 所示，然后根据式（5-1）计算得到 2015 年全国的生态系统单位当量因子的价值为：1950.80 元/hm^2。

表 5-4　我国主要粮食作物的播种面积、净利润及其比例

主要农作物类型	单位面积平均净利润（元/hm^2）	播种面积（hm^2）	播种面积占比（%）
稻谷	3576.06	30216	32.67
小麦	695.01	24141	26.11
玉米	1457.79	38119	41.22

资料来源：《中国统计年鉴》（2016）、《全国农产品成本收益资料汇编 2017》。

本章对谢高地等研究的生态系统单位面积价值当量因子表进行修订得到森林生态系统单位面积生态功能价值当量表，分别对三江源森林生态系统四种主要林地类型即针叶林、针阔混交林、阔叶林、灌木林进行生态功能价值核算，进而得出三江源森林生态系统服务功能的总价值（价格仍以 2015 年为基础）。

依据谢高地研究得出的单位面积生态系统服务价值当量表的数据，对森林生态系统进行单独估算，得到单位面积生态系统服务价值当量表，见表 5-5。

表 5-5　森林生态系统单位面积生态服务价值当量①

服务类型	各项服务功能	针叶林	针阔混交林	阔叶林	灌木林
供给服务	资源产品供给	1.01	1.39	1.39	0.84
调节服务	气体调节	1.70	2.35	2.17	1.41
	气候调节	5.07	7.03	6.50	4.23
	净化环境	1.49	1.99	1.93	1.28
	水文调节	3.34	3.51	4.74	3.35

① 本表数据参考谢高地等（2015）《基于单位面积价值当量因子的生态系统服务价值化方法改进》研究成果整理得到森林生态系统单位价值当量，本表合并供给服务为一项：资源产品供给服务。

续表

服务类型	各项服务功能	针叶林	针阔混交林	阔叶林	灌木林
支持服务	土壤保持	2.06	2.86	2.65	1.72
	维持养分循环	0.16	0.22	0.20	0.13
	维持生物多样性	1.88	2.60	2.41	1.57
文化服务	美学景观	0.82	1.14	1.06	0.69

（2）价值估算。基于以上生态系统单位面积价值当量因子表，根据我国 2011 年到 2015 年三大主要粮食作物的平均净利润、经调整的标准生态系统服务价值当量因子，对源区林地的各项生态功能价值进行核算。

森林生态系统服务功能价值计算公式：

$$E_{ij}=e_{ij}\times E_a\ (i=1,\ 2,\ \cdots,\ 4;\ j=1,\ 2,\ \cdots,\ 9) \tag{5-2}$$

其中，E_{ij}为第 i 种生态系统第 j 种生态服务的单价（元/hm^2）；e_{ij}为第 i 种生态系统第 j 种生态服务相对农田生态系统提供食物生产单价的当量因子；E_a 为本章修正的标准生态系统单位当量因子，价值为 1950.80 元/hm^2。

根据 2015 年全国的生态系统单位当量因子的价值以及表 5-5 生态系统单位面积价值当量，计算得出各类林地类型的单位服务价值，如表 5-6 所示。

表 5-6　三江源区各类林地单位面积价值　　单位：元/hm^2

服务功能	生态类型 服务功能	针叶林	针阔混交林	阔叶林	灌木林
供给服务	资源产品供给	1970.31	2711.61	2516.53	1638.67
调节服务	气体调节	3316.36	4584.38	4233.24	2789.64
	气候调节	9890.56	13714.12	12680.20	8251.88
	净化环境	2906.69	3882.09	3765.04	2497.02
	水文调节	6515.67	6847.31	9246.79	6535.18
支持服务	土壤保持	4018.65	5579.29	5169.62	3355.38
	维持养分循环	312.13	429.18	390.16	253.60
	维持生物多样性	3667.50	5072.08	4701.43	3062.76
文化服务	美学景观	1599.66	2223.91	2067.85	1346.05
合计		34197.53	45043.97	44770.86	29730.18

在表5-1和表5-6的基础上，得到三江源区各类林地以及各项服务功能的总价值（见表5-7）。

表5-7　森林生态系统各项服务功能价值　　单位：亿元

服务功能	生态类型 服务功能	针叶林	针阔混交林	阔叶林	灌木林	小计
供给服务	资源产品供给	6.49	0.16	0.46	36.89	44.00
调节服务	气体调节	10.92	0.28	0.77	62.80	74.77
	气候调节	32.58	0.83	2.32	185.75	221.48
	净化环境	9.58	0.23	0.69	56.21	66.71
	水文调节	21.46	0.41	1.69	147.11	170.68
支持服务	土壤保持	13.24	0.34	0.95	75.53	90.05
	维持养分循环	1.028	0.03	0.07	5.71	6.83
	维持生物多样性	12.08	0.31	0.86	68.94	82.19
文化服务	美学景观	5.27	0.13	0.38	30.30	36.08
合计		112.65	2.72	8.19	669.24	792.79

（四）评价结果

（1）价值总量。估算结果表明，2015年青海省三江源区森林生态系统服务功能价值总量（使用价值）共计792.79亿元。其中直接使用价值（物质生产、原材料生产、水资源供给和美学景观）共计80.08亿元，间接使用价值（气体调节、气候调节、净化环境、水文调节、土壤保持、维持养分循环、维持生物多样性）达到712.71亿元，是直接使用价值的近9倍。按照4类生态服务功能价值即供给服务价值、调节服务价值、支持服务价值和文化服务价值来看，则分别为44亿元、533.64亿元、179.07亿元和36.08亿元（见表5-7）。

从各生态功能价值总量来看，从大到小依次为气候调节价值>水文调节价值>土壤保持价值>维持生物多样性价值>气体调节价值>净化环境价值>美学景观价值>原料生产价值>水资源供给价值>食物生产价值>维持养分循环价值。从4类生态服务功能价值来看，从大到小依次为调节服务价值、支持服务价值、供给服务价值和文化服务价值。

（2）单位价值。根据森林生态系统4类生态类型单位价值，最大的是针阔混交林，为 45043.97 元/hm^2，其次是阔叶林，为 44770.86 元/hm^2，第三是针叶林，为 34197.53 元/hm^2，最后是灌木林，29730.18 元/hm^2（见表 5-6）。

（3）价值构成。从不同森林类型来看，灌木林生态功能价值最大，为 669.23 亿元，占到总价值的 84.42%，其次是针叶林，占比为 14.21%，第三为阔叶林，价值占比为 1.03%，最后是针阔混交林，只有 0.34%。这种特殊的林木结构与三江源所处的地理位置以及其特殊的自然气候有相当大的关系（见图 5-1）。

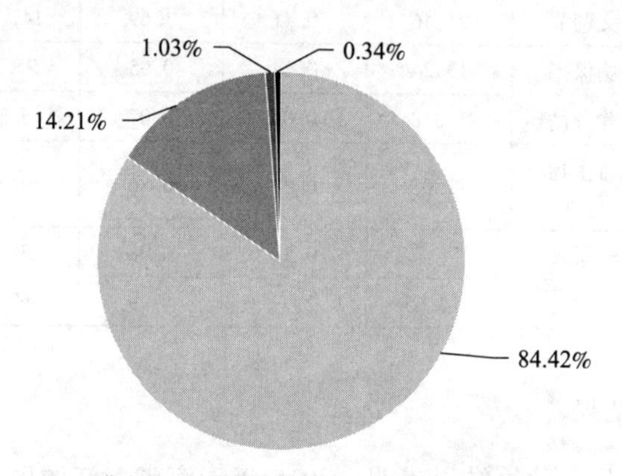

图 5-1　三江源不同林地类型生态服务价值

从三江源区森林生态系统各项分类型生态功能服务价值的占比来看，气候调节价值最大，占到总价值的 27.94%；其次是水文调节价值，占比为 21.53%；第三是土壤保持价值，占比为 11.36%。其他依次为维持生物多样性价值（10.37%）、气体调节价值（9.43%）、净化环境价值（8.41%）、资源产品供给（食物、原料和水资源供给价值）（5.55%）、美学景观价值（4.55%）、维持养分循环价值（0.86%）（见表 5-8、图 5-2）。

表 5-8　三江源各类森林生态服务功能价值及占比

性质	功能总类	功能子类	价值量（亿元）	占比（%）		
直接使用价值	供给服务	资源产品供给	44.00	5.55	5.55	10.10
	文化服务	美学景观	36.08	4.55	4.55	

续表

性质	功能总类	功能子类	价值量（亿元）	占比（%）		
间接使用价值	调节服务	气体调节	74.77	9.43	67.31	89.90
		气候调节	221.48	27.94		
		净化环境	66.71	8.41		
		水文调节	170.68	21.53		
	支持服务	土壤保持	90.05	11.36	22.59	
		维持养分循环	6.83	0.86		
		维持生物多样性	82.19	10.37		
合计			792.79	100.00	100.00	100.00

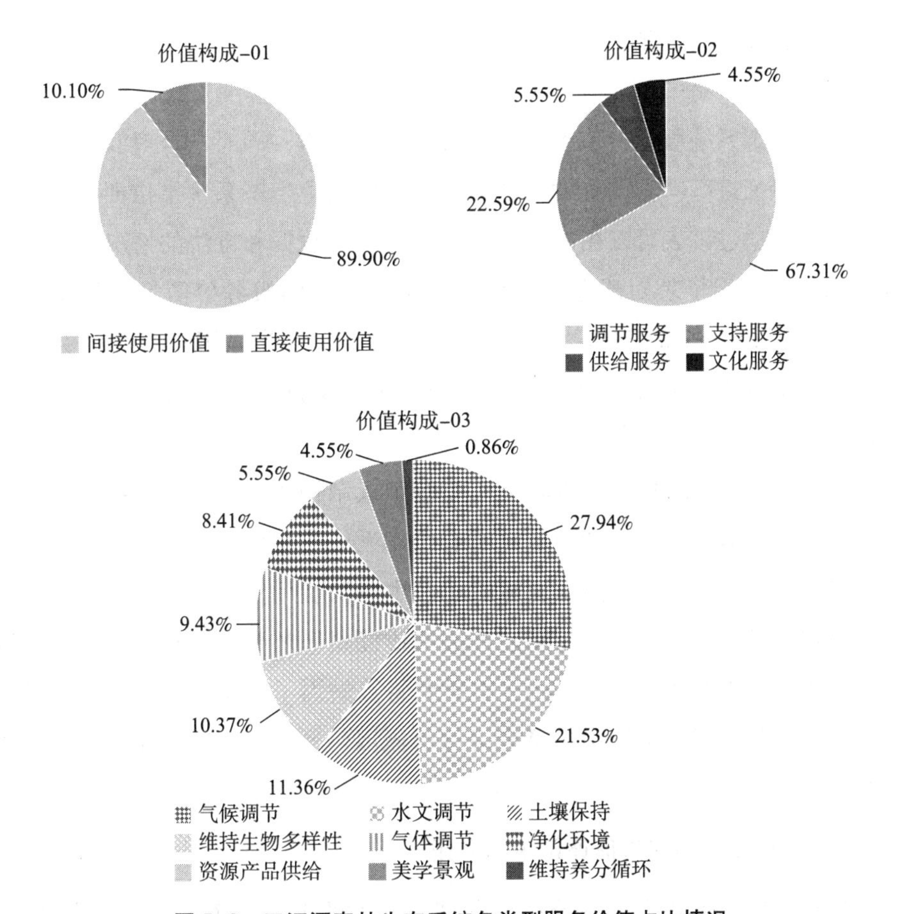

图 5-2　三江源森林生态系统各类型服务价值占比情况

三、当量因子法应用讨论

（一）当量因子法的特点

尽管国内外学者运用不同方法对不同尺度的生态系统服务类型进行了广泛探讨，但目前尚未建立一个统一的生态系统服务价值评价指标体系，也没有一套完善的、规范的生态系统服务价值评估方法。目前看，实物量法是生态系统服务功能价值评价中最常用的一种方法，这种方法更多的是基于生态学以及其他相关的自然工程学科的理论和研究成果，逻辑和方法相对成熟，应用也比较广泛。但是实物量法下各种物质和能量的循环交换、输入输出的生物物理数据一般具有较专业的生物学、生态学及其他自然学科的支撑，实际应用中比较复杂难测。

当量因子法是中科院地理科学与资源研究所研究员谢高地等以 Constanza 等对全球生态系统服务价值评价的部分成果为参考，同时结合对我国生态经济方面的专家进行问卷调查的结果，创建中国陆地生态系统单位面积服务价值当量表，通过该表可以在没有其他更为可靠的数据和方法的情况下，近似地采用该当量因子表对所考察的各类型生态系统的服务价值进行评价和估算，从而得到生态价值量。所以，相比实物量法，当量因子方法的突出特点就是较为简单和容易操作。这也是当量因子法逐渐得到应用的一个重要原因。

与其他生态系统相比，森林生态系统组成结构比较完整，其物质和能量循环转换最旺盛，生物生产力也是所有生态系统类型中最高的，其直接使用价值计算相对比较易行。但是森林的间接生态功能用实物量法评价仍然要了解和掌握森林和周围各环境因素之间的物质能量循环数据，其复杂性和难度与其他类型的生态系统一样。所以本研究将当量因子法运用到三江源森林生态系统服务价值评价估算中也是考虑这个原因，另外，尝试不同方法的运用也是目的之一。

（二）在森林生态价值评价中的应用

虽然当量因子法在生态价值评价理论和方法上是一个创新，操作简单，便于比较。但是，使用当量因子法，依赖全国某年的粮食作物产出效率和经济效益，而粮食作物产量的经济效益是以当年的价格体系为参照，如果生产出现因价格剧烈变动而导致每单位面积的总经济价值（利润）大幅波动，那么依此估算的自然生态系统服务功能的价值就随着大幅变动，如果据此来判断生态价值的话难免失之偏颇。如果某年粮食产出经济利润是负的话，并不意味着生态系统也失去了价值，当量因子法也就失去了意义。根据近几年我国主要粮食作物成本效益的统计数据发现，2015—2016 年玉米单位面积的效益出现了负值，这也是本研究评价森林生态系统服务功能价值时采用几年的平均产出效益来核算的主要原因。有关研究结果也发现，生态系统的当量因子有下降的趋势（见图 5-3）。森林生态系统具有巨大的生态服务功能，间接使用价值较大，如果仅凭一时一地的粮食作物产出效益来做参照，难免以偏概全，影响人们的判断。因此其生态服务功能包括生态价值还有待进一步分析和研究。

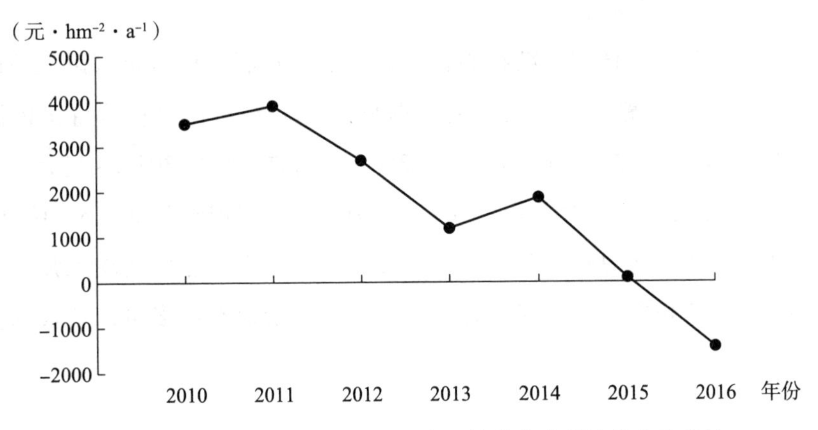

图 5-3　2010—2016 年各年度生态系统单位当量价值变动趋势

就评价过程和结果来看，用当量因子法进行三江源森林生态系统价值评价，估算价值结果还是明显偏低的。除了当量因子法本身的原因外，还有本章核算三江源生态系统时也只是考虑了乔木林和灌木林的面积，忽略了疏林、绿化林地、人工幼林及稀疏灌草丛等原因。所以，本研究据此方法估算的森林生态系统服务价值与其他研究评价相比明显偏低。

（三）关于森林直接使用价值

1. 资源性产品价值核算

主要用林产品价值评价森林生态系统为人类提供大量的木材并且满足人类需要的食物来源价值。三江源区林业产品主要包括林木的培育和种植及木材的采伐，采用市场价值法来评估其价值。查阅《青海统计年鉴》（2017），得到2015年青海省林业总产值7.43亿元，2015年底育林面积115.29万hm^2。根据公式计算得到森林生态系统资源型产品供给价值为14.38亿元。因此可以认为三江源森林生态系统至少存在14亿多元的潜在经济价值，虽然三江源保护区对森林实行了严格的封育措施，但作为森林蕴含的直接供给的资源性产品价值应该算在其生态服务功能价值中。全球生态危机事件多数来自人们过度砍伐森林，造成一系列的环境问题。所以从这个角度理解，对三江源森林进行更为严格的保护也是有理由的。

2. 文化服务价值核算

森林具有的游憩休闲、精神愉悦等方面的文化服务价值也可以从地区旅游产业收入进行核算。青海统计局数据显示，2016年青海省接待国内游客2876.92万人次，较2015年增长了24.3%，国内旅游收入307.24亿元；接待入境游客7.01万人次，旅游收入4415.67万美元，实现旅游总收入310.30亿元。国内与国外游客总量达到2883.93万人次，为旅游业发展注入强劲的动力，所以从这个角度看，三江源森林的文化服务价值有许多可以替代的使用方法。

第六章

三江源生态系统非使用价值

对当前尚没有使用或将来也不会使用的生态系统服务赋予一定的价值，这就是生态系统的非使用价值。生态系统的非使用价值不像直接使用价值和间接使用价值那样都来自生态系统提供的各种有形或无形效用，这种当前尚没有使用或将来也不会使用的生态系统，其价值来自人们内心基于历史、文化、伦理和宗教等精神层面的认同，是来自心理层面的主观价值评价。所以，可以通过一种人为假设的市场环境来观察人们对某些特殊产品或服务的偏好，或者是近似支付意愿来揭示其价值。本章即利用问卷调查法对三江源区生态系统的非使用价值进行评估，以揭示源区生态系统的非使用价值。

一、非使用价值及其评价方法

（一）非使用价值

三江源区生态系统不仅哺育了这一方土地的人民，对青藏地区乃至全世界的生态安全都起着重要的屏障作用。合理的生态系统服务功能中非使用价值的确定有利于促进三江源生态保护区的可持续利用和发展。非使用价值在学界主要被分为三类：

（1）存在价值。存在价值即理论或者道德价值。每个人都有存在的价值，“这个世界上绝了哪种生命形式都会导致地球的毁灭。狮子和蚂蚁一样伟大，小草和人类一样重要”。从个人内心深处为他人乃至国家、民族以及未来子孙后代着想，一定区域和空间的自然生态环境同样具有价值，况且自然界多种多样极其繁杂的物种间形成的相互作用、相互影响的密切关系的存在更有利于地球生命支持系统功能的保持及其结构的稳定。这种价值主要来自人们内心基于历史、文化、道德、伦理和宗教等精神层面的认同，带有强烈的哲学、伦理和宗教性的价值观。为保障地区、民族乃至国家的可持续发展，使三江源区的生态资源能够长期保存下来，并确保生态安全，本研究的意义和价值也得到了一定的体现。

（2）遗产价值。遗产价值是指为后人留下作为支持整个生命系统的价值，将三江源生态保护区生态资源及其独特文化作为一份遗产保留给子孙后代所体现出来的隐形的价值。

（3）选择价值。选择价值即潜在价值，它反映了人们对未来使用生态环境的能力所赋予的价值，也就是为后人提供选择使用生态环境资源机会的价值。三江源作为一个整体的独立的生态环境资源为人类及子孙后代在将来能够有选择性地开发和利用具备潜在的价值。

（二）价值评价方法

生态系统于无形之处体现出其独特的影响和效益从而影响人类并使人们受益，这种特殊的服务本身也具有典型的公共物品属性，其存在会给他人以及未来的人们带来无形的影响，其价值不能通过传统的市场交易体系或其他替代方法去评价和衡量。从个人内心深处为其他人甚至是国家、民族以及未来子孙后代着想，一定区域和空间的自然生态环境同样具有价值，并由个人去支付一定的补偿进而维护它的存在，这种带有强烈的哲学、伦理和宗教性的价值观来自个人内心的主观偏好，如果能在一定程度上揭示出这种偏好即可以去衡量这类生态系统的存在价值。

“在替代市场也难以找到的情况下，只能人为地创造假想市场来衡量非市场物品的价值。陈述偏好法（Stated Preference Approach，SPA）是通过调查问卷让人们自己说出对于非市场物品的价值判断（意愿行为）”。[①] CVM（Contingent Valuation Method）即条件价值法或意愿调查法，是陈述偏好法中最典型、最常用的一种方法。它是在假想的市场条件下，通过直接调查和询问人们对某一具有公共物品属性的物品或服务的支付意愿（Willingness To

① 成其谦．投资项目评价（第四版）［M］．北京：中国人民大学出版社，2014：211.

Pay，WTP)，或者这种物品或服务遭到损失的接受补偿意愿（Willingness To Accept，WTA)，以人们的WTP或WTA来估计该物品或服务的价值。比如对某一生态环境所具有的无形效益和服务（生态功能服务）以及为此采取保护措施的支付意愿，或者对其无形效益和服务质量的损失的接受补偿意愿来估计此类生态环境或者资源的价值。

CVM法主要利用问卷调查方式，在一个假想的市场交易环境或特殊场景下观察受访者（生态服务产品消费者和影响者）的偏好和支付意愿，进而用其主观支付近似代替生态系统提供的服务价值。问卷调查法通过研究者控制式的设计，可以较详细和完整地搜集到可靠的资料，进而观测和度量所研究的问题。另外，问卷调查法的标准化和低成本也是其被广泛采用的关键原因。“条件价值评估法是学界评价非使用价值最为通行的方法，甚至被视作评估非使用价值唯一的评估方法。”①

本章即是采用CVM法，在一系列设想的环境下，通过问卷形式直接调查、询问人们对青海三江源生态保护区生态系统具有的无形效益和服务功能的偏好以及可能的支付意愿，进而对源区生态系统非使用价值即存在价值、遗产价值和选择价值进行近似估算。

二、基于CVM法的非使用价值评价

（一）问卷设计与实施

问卷调查法是研究者通过控制式的设计，观测和度量所研究的问题，所以问卷的设计是否规范并可计量对于能否搜集到可靠的数据资料非常重要。本课题问卷调查于2018年9—10月展开，问卷设计包括环境物品简介、被调查者背景、主体问卷三部分。其中，环境物品简介包括问卷调查目的以及青海三江源生态保护区简介；被调查者背景包括被调查者年龄、性别、收入、职业与工作情况等；主体问卷则主要涉及被调查者对三江源区的了解程度与态度。本次调查采用互联网问卷星的形式对包括青海省在内的全国各地的人们进行调查，问卷过程中可能出现的偏误和对应的解决办法如表6-1所示。

---

① 徐婷，徐跃，江波，等．贵州草海湿地生态系统服务价值评估［J］．生态学报，2015，35（13）：4295-4303.

表 6-1 问卷偏差及纠偏办法

偏差	概念	纠偏办法
假想偏差	问卷所得到的是被调查者针对假想问题的回答，可能与现实有所偏差	排除其不合理的问题设置，并在一个更一般的环境中设计问卷，使问题和情境尽可能接近现实
问题顺序偏差	调查问题的顺序不同可能对被调查者的最终选择造成影响	预设问题顺序，一步步引导被调查者逐步进入假想的情境，进而顺利做出回答
策略性偏差	回答者因为心理原因，故意说高或者说低自己的支付意愿，影响调查结果和决策过程	对问卷的逻辑性进行分析，剔除边缘性指标，注意设置问题尤其是支付意愿的下限与上限，使被调查者尽可能容易回答且结果更具合理性
信息偏差	问卷所展示的信息数量可能不足或质量不佳使得不了解情况的被调查者难以回答其支付意愿	问卷开始即对青海三江源生态保护区进行必要的介绍，尤其是源区影响，进而引导被调查者就设想进行回答，有利于支付意愿和偏好的揭示

2014 年对进入三江源地区的游客进行面对面问卷访谈的预调查，实际结果回收问卷数量较少，个别问题表述也不够清晰，且调查现场处于源区特殊场景，代表性不够。后经修改完善问卷并于 2018 年利用网络问卷星形式进行了更大范围的调查，总计收回问卷 1533 份（剔除无收入但支付意愿却高于 900 元的人群，因为此类人群在自身生活尚不稳定的时候，调查者可认为其无暇顾及其他与生计无关的问题，此类问卷共 12 份）。最终得到有效问卷 1521 份。除青海本省外，还涉及河南、陕西、湖北、甘肃等外省地区。在假想情况下，从一个较大范围获取人们对青海三江源生态保护区的认识及支持程度，更重要的是获取民众对三江源区生态系统价值及永续存在的支付意愿。调查结果用 SPSS 软件进行统计分析，最后得到三江源区生态系统的非使用价值。①

由于研究者所处地理位置，其中大部分问卷来自青海本省，占到一半以上，其余问卷来自全国其他十余个省份（见图 6-1）。对三江源生态保护区的认识及其在假想环境下的支付意愿是基于人与自然关系或者是人对自然态度的考虑，故可以认为问卷来源构成对判断结果的影响可以忽略。了解和不了解青海三江源生态保护区的个人和群体通过问卷在获得的信息基本一致的情况下一定程度上可以代表人们对特定生态系统具有的存在价值、遗产价值、

① 意愿调查评估设计问卷见附录一和附录二。

选择价值等的偏好与支付意愿，与被调查者所处的地理位置并无显著关系。

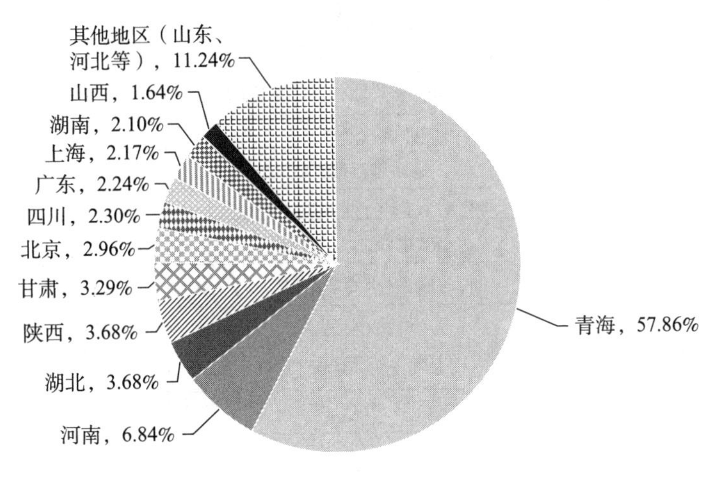

图 6-1　问卷来源地

为调查影响支付意愿的相关因素，本次问卷对被调查者的基本情况进行了调查，主要包括：性别、年龄、工作状况、职业、受教育程度、收入等基本信息以及对三江源区的认识程度，描述结果见表 6-2。

表 6-2　被调查者基本情况分析

类别	变量	变量属性	样本量	占比（%）
人口变量	性别	男	785	51. 61
		女	736	48. 39
	年龄	18~30 岁（青年）	885	58. 19
		31~45 岁（中青年）	320	21. 04
		46~60 岁（中年）	298	19. 59
		61 岁及以上（老年）	18	1. 18
受教育程度	受教育程度	未受过正式教育	11	0. 72
		小学	10	0. 66
		初中	59	3. 88
		高中（包括职高/中专技校）	115	7. 56
		大专	189	12. 43
		大学本科	799	52. 53
		研究生（硕士及以上）	338	22. 22

续表

类别	变量	变量属性	样本量	占比（%）
工作情况及薪资水平	工作或职业	事业单位/公务员/政府工作人员	441	28.99
		公司职员/服务员/司机/售货员等	245	16.11
		自由职业者（作家/艺术家/摄影师/导游等）	35	2.30
		工人（工厂工人/建筑工人/城市环卫工人等）	67	4.40
		商人/雇主/小商贩/个体户等	43	2.83
		农民/农民工	52	3.42
		无业/失业	80	5.26
		其他	558	36.69
	当前工作状况	全职工作	520	34.19
		工作不稳定（临时或兼职工作）	807	53.06
		下岗或待业	118	7.76
		离退休或病休	28	1.84
		大中专学生/研究生	48	3.16
	月收入	没有收入	449	29.52
		1000元及以下	101	6.64
		1001~3000元	187	12.29
		3001~6000元	361	23.73
		6001~9000元	275	18.08
		9001~15000元	99	6.51
		15001元及以上	49	3.22
公众意识	对三江源区的了解程度	很了解	135	8.88
		比较了解	390	25.64
		一般（通过报纸、广播、电视等各种媒体了解一些）	607	39.91
		有点印象（仅仅听说过）	292	19.20
		从没有听说过	97	6.38
	对三江源区的关注程度	非常关注（或以前去过三江源区）	275	18.08
		比较关注（很希望去并已有了具体计划）	304	19.99
		一般（希望有机会去三江源区）	760	49.97
		基本不会去关注（无所谓）	112	7.36
		完全不关注（不会去三江源区）	70	4.60

续表

类别	变量	变量属性	样本量	占比（%）
公众意识	对三江源区重要性的认识	非常重要	1175	77.25
		比较重要	273	17.95
		一般	58	3.81
		不太重要	5	0.33
		一点儿也不重要	10	0.66

资料来源：根据调查问卷数据分析整理而得。

回收问卷中男女比例基本持平，而青年人口占近六成，学历为本科的人数也占到一半以上，其中综合当前工作状态指标和收入指标，无收入的人群占到三成左右（对原始数据分析可知，其中在校大学生居多，故有此现象）。而考虑到网络使用人群的特点，青年人、在校学生居多也符合实际情况。青年人尤其是在校学生作为潜在的劳动者有潜力兑现自己的回答（承诺）。观察其他人口结构，各部分组成也相对均衡，因此得出结论偏误值不会过于极端，其最终结果仍是可以接受的。

且九成以上的人群对三江源有一定了解，同等比例的人群也对三江源重要的生态地位给予认可。对三江源区的关注态度为“无所谓”与“完全不关注”的人群仅占到一成左右，可知大部分的人群也是对此有一定的关注。基于人们对环境物品的初步感性认识，可基本保证本次问卷所得结果的可信度。

（二）问卷统计分析

为了获得被调查者对三江源区生态环境保护恢复的支付意愿，问卷首先询问被调查者认为三江源地方政府及民众是否为三江源区生态保护付出了代价，是否需要补偿，然后询问被调查者每年愿意为三江源区保护所支付的费用，所愿意支付费用为0的被调查者将被询问其不愿支付的原因。最终可从选择愿意支付费用的被调查者回答中得到各自的支付意愿，结果如表6-3所示。

表 6-3 补偿意愿与支付意愿调查结果

调查问题	态度	频数	频率（%）
是否付出代价	是	1365	89.74
	否	156	10.26
是否需要补偿	是	1234	90.40
	否	131	9.60

从表 6-3 中可以看出，被调查者认为三江源区地方政府民众为三江源区生态保护付出了代价的百分比为 89.74%，在认为付出代价的被调查者中进一步认为需要补偿的占比为 90.40%。说明大部分被调查者认可青海地方政府为保护三江源的付出并且愿意为这个付出进行必要的补偿。在认为付出代价的人群之中，只有 9.60%的人认为无须补偿，持“保护三江源是其应尽的义务”的观点。

从支付意愿角度看，仅 168 人不愿意为三江源区保护进行支付。愿意为三江源区生态保护支付一定费用的百分比为 88.95%，与认为三江源区政府及人民付出代价和需要补偿的人数基本持平，这说明，三江源的影响力和生态地位得到了大多数人的认可，这对进一步加大源区生态建设和环境保护的力度奠定了很好的群众基础。当然，这与大部分问卷的来源地是青海本省有一定关系，毕竟希望自己所处的家园生态环境不遭破坏是人之常情。

进一步整理支付费用，设置问卷时，笔者将不愿意支付费用的民众的支付意愿设置为 0 元，为方便统计分析，将愿意支付费用的个人支付意愿由其组中值作为代表。将整理后的支付意愿数据，通过 SPSS 软件分析得出：被调查民众的平均支付费用为 123.09 元，即民众普遍支付意愿为 123.09 元，支付意愿众数为 7.5 元，中值为 40 元（见表 6-4）。而众数与中位数不一样，由图 6-2 可以看出民众支付意愿大致呈双峰分布。样本方差为 45991.371，说明被调查者的支付意愿波动较大，而这从图 6-2 中也可以看出。从图 6-2 还可以看出，支付费用频数最大的几组数据为 7.5 元、85 元、150 元，而最多的为 7.5 元，其次为 85 元。支付费用在 150 元以下的占到了愿意支付人群的 86.99%，而平均支付意愿为 123.09 元，在此范围内。因此，我们可以认为这个平均支付意愿，可以代表大部分民众的整体支付意愿，可以用来间接计算三江源区生态系统服务的非使用价值。

支付意愿为900元以上的人群也占到一定的比例，可以解释为我国目前同样也有部分人群对生态环境问题关注较多且愿意为此支付相对较多的资金。

表6-4　支付意愿描述统计

个案数（个）		1521
平均值（元）		123.0934
平均值标准误差		5.49887
中位数（元）		40
众数（元）		7.5
方差		45991.371
总和（元）		187225
百分位数	25	7.5
	50	40
	75	150

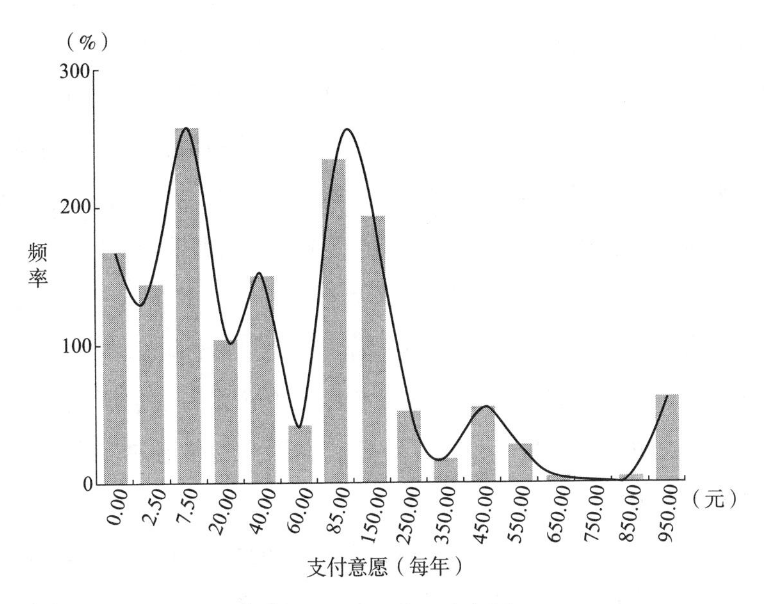

图6-2　支付意愿分布图

按照支付意愿理论及一般社会规律，居民支付意愿在一定程度上受年龄、性别、受教育程度、收入、工作状况、职业等因素的影响，因而，可采用相关系数来度量支付意愿与各变量因子之间的相关程度。

根据需要，提出假设：

H_0：相关系数 $r=0$。

H_1：相关系数 $r\neq0$。

利用SPSS软件计算支付意愿与各变量之间的Pearson相关系数及其P值①，进而分析各变量因子与支付意愿的相关性，最终结果见表6-5。

表6-5　支付意愿与人口变量（年龄、性别）的相关系数

变量		性别	年龄	文化程度	职业	工作状况	月收入
每年愿意支付费用	皮尔逊相关性	-0.074**	0.131**	0.029	-0.177**	0.035	0.273**
	显著性（双尾）	0.004	0.000	0.261	0.000	0.172	0.000
	个案数	1521	1521	1521	1521	1521	1521

注：**表示在0.01级别（双尾）相关性显著。

由表6-5可知，支付意愿与性别的P值为0.004，小于显著水平0.01，拒绝原假设，但其相关系数（绝对值）小于0.1，值较小，故视为不相关。再者，被调查民众的支付意愿与人口变量中的年龄变量具有一定的相关性，其Pearson相关系数为0.131，且其P值远小于显著水平0.01，所以原假设不成立，说明支付意愿与年龄具有相关性，随着年龄的增大，其支付意愿相对更强。原因可能是随着民众年龄的增长，经济实力随之增强，社会阅历也随之丰富，其对于生态环境重要性的认识也更深刻，也更乐于支付。

另外，支付意愿对文化程度的P值大于0.01，故不能拒绝原假设，可知文化程度对人们的支付意愿影响并不显著。一个可能性较大的解释是：随着目前全社会的环保宣传和教育的深入，环保意识普遍为人们所熟知，且人们目前的这种观念也被广大民众所接受并奉行，因此支付意愿多寡与是否接受正规的教育关系不大。

此外，被调查民众的支付意愿与职业有一定的相关性。职业Pearson相关系数为-0.177，为负值，且P值小于0.01，拒绝原假设。这说明被调查民众的支付意愿与工作变量中的职业呈负相关关系，说明工作越稳定，人们的支付意愿相对越高。但工作状况P值为0.172，大于0.01，不能拒绝原假设，

① 即对相关系数假设为0的概率。

说明工作状况对人们的支付意愿影响并不显著，这与问卷中在校学生居多有一定联系，结合职业类型分析可知，工作越稳定，工作状况越好，其支付意愿也随之增加。

由表6-5可知，民众目前月收入与支付意愿的Pearson相关系数为0.273，且P值小于0.01，拒绝原假设。说明随着人们收入的提高，其支付意愿也会逐步上升。可知经济发展水平和实力的提高是生态意识和环保行动的基础。

从整体上分析这6个变量对支付意愿的影响程度，将Pearson相关系数进行比较发现，职业、收入对其影响最强烈，主要是因为年长的民众随着自身阅历的增加，看问题比较长远，受环境破坏的影响也更大，故而对环保有所重视。而收入较高的人群会有足够的闲余资金在生态环境保护领域尽自己的一份责任。基于此项研究，对政府而言，应该努力提高居民受教育程度，发展经济，改善民生，从而使得公民素质得以普遍维持在高位，使得公民有足够的财力参与到生态保护这一浩大工程之中。而这些政策最终都会使得公民的支付意愿得以提升，也会使得政府主导下的生态环境保护措施更易推行。

（三）估算结果

（1）初始估算结果。为了方便计算三江源区生态系统服务非使用价值中的存在价值、遗产价值和选择价值，问卷还对被调查者的支付目的进行统计分析。对第一顺位赋值3，第二顺位赋值2，第三顺位赋值1，可得到各自的得分，得分结果见表6-6。由表6-6可知，大部分人对三江源区的存在价值和遗产价值重视程度高，愿意对这两项支付的人也相对较多。

表6-6　支付目的频数及得分

价值	第一顺位		第二顺位		第三顺位		最终得分	比例(%)
	个案数	得分	个案数	得分	个案数	得分		
存在价值	782	2346	242	484	98	98	2928	44.90
遗产价值	475	1425	449	898	110	110	2433	37.31
选择价值	108	324	142	284	552	552	1160	17.79
总计	1365	—	833	—	760	—	6521	100

对于不愿意支付的原因的分析，计算得分的方法同上，对各自原因分别

按顺位赋值，得到最终结果如表 6-7 所示。

表 6-7　不愿意支付的原因

原因	得分	百分比（%）
经济收入较低、没有能力支付	598	38.481
三江源与本人没有关系	124	7.979
这项支付应由国家负担	378	24.324
担心资金无法落实	263	16.924
认为保护无意义或对生态保护不感兴趣	55	3.539
其他	136	8.753
合计	1554	100

从表 6-7 中可以看出，经济收入低、没有能力支付和认为这项支付应由国家负担是民众不愿意支付的主要原因，分别占 38.481%和 24.324%。这个结果的意义在于：政府是生态建设和环境保护的主要力量，增强生态产品供给和服务能力仍然是政府的重要职责。同时在加大生态建设和环境保护力度方面政府也需要营造一个良好的舆论环境，让大多数居民理解并尽己之力参与其中。

居民对补偿政策的态度调查结果（见表 6-8）显示，95%以上的民众都支持对三江源区实行生态补偿政策，但是也有部分民众对政府的生态补偿政策不了解，认为可有可无。所以，加强对生态产品服务价值的宣传，让人们认识到生态补偿的重要性从而了解补偿政策带来的长期利益，依然有着积极意义。

表 6-8　居民对补偿政策的态度调查结果

态度	频数	百分比（%）	累计百分比（%）
非常支持	1252	81.67	81.67
比较支持	217	14.16	95.83
一般	52	3.39	99.22
不太支持	6	0.39	99.61
完全不支持	6	0.39	100.00
总计	1533	100.00	

根据问卷调查分析与统计计算，三江源区生态系统服务年均非使用价值可用支付意愿的均值代替进行评价，即个人为三江源生态系统的存在价值、遗产价值和选择价值的平均支付意愿（Willingness To Pay，WTP）为123.09元。我国2015年总人口13.6亿人，由此可以计算出三江源区生态系统服务功能非使用价值总和为1674.024亿元/年[①]（见表6-9）。

表6-9　非使用价值结构（2018年）

非使用价值类别	频率（%）	价值（亿元/年）
存在价值	44.90	751.637
遗产价值	37.31	624.578
选择价值	17.79	297.809
非使用价值合计	100	1674.024

（2）调整估算结果。本次问卷调查时间为2018年9—10月，为与三江源生态服务使用价值合并计算总经济价值，需将本次问卷法下所涉及的价格因素进行可比性换算，即考虑通货膨胀因素后统一折算到2015年，故利用2018年《中国统计年鉴》中的价格指数换算2018年价格至2015年。调整后的非使用价值计算结果见表6-10。[②]

2018年6月较2015年初通货膨胀率为107.1845%，而根据相关数据排除通胀因素，得到以2015年为基准的修正后的非使用价值，见表6-10。

表6-10　非使用价值结构

非使用价值类别	频率（%）	价值（亿元/年）
存在价值	44.90	700.602
遗产价值	37.31	582.170
选择价值	17.79	277.588
非使用价值合计	100	1560.360

其中，调整后的存在价值、遗产价值和选择价值分别为700.602亿元/

① 123.09（元/年）×13.6（亿）= 1674.024（亿元/年）（均以2015年人数为基准）。

② 2018年上半年价格指数依据当前宏观经济统计数据（国家统计局于2018年7月16日发布2018年上半年宏观经济数据），并将2015—2017年指数合并得出。

年、582.170亿元/年和277.588亿元/年，三类非使用价值构成如图6-3所示。

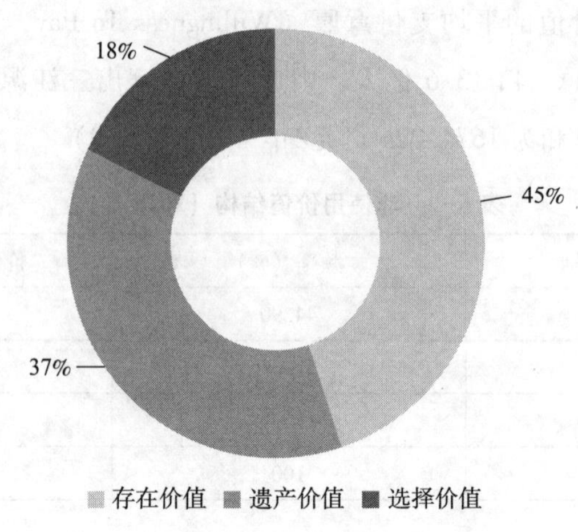

图6-3 源区生态系统非使用价值构成

三、对非使用价值评价的讨论

（一）生态系统非使用价值的意义

三江源生态系统对青藏地区乃至全世界的生态安全都起着重要的屏障作用，其“存在”的合理性和意义，更多的是来自人们心中根深蒂固的基于历史、文化、伦理和宗教等精神层面的认同。这种基于整个地区乃至国家角度对青海三江源生态保护区价值的认同对促进源区生态系统的可持续利用和长远发展具有积极的意义。三江源生态系统非使用价值重要意义就在于：人们非常乐意为改善或保护那些将来永不利用的资源而付出的价值，守住、守好三江源生态保护区的“绿水青山”，人人有责。

（二）大范围的支付意愿更具实际意义

另外，研究以支付意愿的平均值123.09元作为个人对三江源区生态系统服务非使用价值的衡量，并且是按照全国人口数量去估算其最终的非使用价值。而不少学者在利用CVM方法时，计算的依据是城镇人口数量，例如青海省社会科学院孙发平（2008）对三江源生态系统服务功能非使用价值评价时就考虑的是当时（2017 年）的全国城镇人口。这样的考虑是基于城乡人口的支付意愿和能力，在当时看有合理性，毕竟 10 年前中国的总体人均收入和消费能力有限，另外，城乡差别也较明显。在非使用价值评价中本研究使用全国人口为基数估算，一是考虑现在的城乡差距有了很大的改善，至少在网络使用方面已经没太大的区别；二是随着国家生态文明战略的推行，无论是乡村还是城镇，人们对生态和环境的关注程度都比以往有所增强，甚至在乡村生态环境保护也融入乡村振兴战略；三是三江源生态保护区对国家乃至全世界的生态安全都起着重要的屏障作用，其“存在”的合理性和意义关乎每一个人。所以，本章使用来自全国的居民支付意愿来估算三江源生态系统的非使用价值更具实际意义。

（三）关于问卷调查结果

本章按照 CVM 方法设计了针对三江源区生态环境保护和恢复的支付意愿调查问卷。通过对调查问卷进行样本特征统计、单变量描述统计、变量间相关性分析以及其他变量统计分析，得到了相关统计指标。进一步利用统计软件 SPSS，分析了受教育程度、收入、工作状况等因素与支付意愿的相关程度，得到收入是影响支付意愿的主要原因的结论。年龄和职业也对其有影响，而受教育程度对此并没有显著影响。

本次问卷调查获得的信息只能粗略反映人们的主观偏好、大致的支付意愿，并不能准确地反映人们真实的偏好和精确的支付，这也是 CVM 法存在的客观缺陷。生态系统服务价值评价涉及学科广、方法多，从自然学科到经济学科、从简易到复杂，所以评价的难度大、主观性强。但 CVM 法仍然是目前采用最多地对无形价值和服务进行评价的重要方法。本章基于事实问卷的调查统计，其结果具有一定的参考价值。

第七章

价值篇总结

一、源区生态系统服务功能价值总量

（一）生态系统价值总量

通过对三江源生态保护区草地、水体湿地及森林生态系统服务功能使用价值估算，以及三江源整体生态系统服务功能非使用价值估算，得到三江源区整个生态系统服务功能总经济价值（TVE）为 6588.75 亿元/年（以 2015 年为基础）。其中使用价值为 5028.39 亿元/年，非使用价值为 1560.36 亿元/年，使用价值是非使用价值的 3.22 倍。使用价值中的直接使用价值为 2237 亿元/年，间接使用价值为 2791.39 亿元/年，间接使用价值明显高于直接使用价值，体现了三江源生态保护区各类生态系统在发挥生态支持和服务方面的重要作用。

从三大生态系统年使用价值来看，三江源草地生态系统服务功能使用价值总量为 1437.84 亿元/年；水体湿地使用价值总量为 2797.77 亿元/年，森林使用价值总量为 792.78 亿元/年。最大为水体湿地，其次为草地，最后是森林。水体湿地使用价值中的直接使用价值为 2148.44 亿元/年，间接使用价值为 649.33 亿元/年；草地直接使用价值为 8.48 亿元/年，间接使用价值为 1429.36 亿元/年；森林直接使用价值为 80.08 亿元/年，间接使用价值为 712.70 亿元/年。

三江源生态系统总经济价值量、使用价值总量与非使用价值总量、直接使用价值总量与间接使用价值总量如表 7-1 所示。

表 7-1　2015 年三江源生态系统经济价值总量　　单位：亿元/年

<table>
<tr><th colspan="3" rowspan="2">价值类型</th><th colspan="3">生态系统</th><th rowspan="2">小计</th><th rowspan="2">合计</th><th rowspan="2">总计</th></tr>
<tr><th>草地</th><th>水体湿地</th><th>森林</th></tr>
<tr><td rowspan="5">总经济价值（TVE）</td><td rowspan="2">使用价值</td><td>直接使用价值</td><td>8.48</td><td>2148.44</td><td>80.08</td><td>2237</td><td rowspan="2">5028.39</td><td rowspan="5">6588.75</td></tr>
<tr><td>间接使用价值</td><td>1429.36</td><td>649.33</td><td>712.70</td><td>2791.39</td></tr>
<tr><td rowspan="3">非使用价值</td><td>存在价值</td><td colspan="3">700.602</td><td colspan="2" rowspan="3">1560.36</td></tr>
<tr><td>选择价值</td><td colspan="3">582.170</td></tr>
<tr><td>遗产价值</td><td colspan="3">277.588</td></tr>
</table>

资料来源：根据价值评价篇数据汇总整理。

（二）各生态功能价值量

三江源区生态系统服务功能价值总量为 6588.75 亿元/年，各生态系统的各项生态功能发挥了重要作用。其中，生态系统的资源性产品价值为 1876.16 亿元/年，包括提供的食物和原料生产、水资源供给，其中水体湿地中的河流与湖泊提供的资源性价值最高，达到 1777.52 亿元/年，主要是三江源区河湖提供的巨大的淡水资源价值和蕴含的潜在水电资源价值。文化美学价值为 360.28 亿元/年（没有包括草地提供的该类价值）。资源性产品价值与文化美学价值合计，即直接使用价值为 2237 亿元/年。

间接使用价值中的气体调节价值为 996.31 亿元/年，气候调节价值为 523.73 亿元/年（未考虑草地），净化环境价值为 242.07 亿元/年，水文调节价值为 66.72 亿元/年（草地和水体湿地生态系统的水文调节价值为水源涵养价值合并），土壤保持为 551.47 亿元/年（未考虑水体湿地），维持养分循环为 6.84 亿元/年（只考虑森林的），维持生物多样性价值为 257.18 亿元/年。

非使用价值中的存在价值、选择价值和遗产价值分别为 700.6 亿元/年、582.17 亿元/年和 277.59 亿元/年。

由于各生态系统提供的价值有差异，有些价值相似，有些价值没有进入估算过程，最终研究估算的源区各类生态系统服务功能价值见表 7-2。

表 7-2 2015 年三江源三类生态系统各主要生态功能价值量表 单位：亿元/年

<table>
<tr><th rowspan="3">生态价值</th><th rowspan="3">生态服务功能</th><th colspan="10">生态类型</th></tr>
<tr><th colspan="4">林地</th><th colspan="3">水体湿地</th><th colspan="3">草地</th></tr>
<tr><th>针叶</th><th>针阔混交</th><th>阔叶</th><th>灌木</th><th>河流</th><th>湖泊</th><th>沼泽</th><th>高寒草甸</th><th>温性草原</th><th>高寒草原</th></tr>
<tr><td rowspan="4">直接使用价值</td><td>食物生产</td><td rowspan="3">6.49</td><td rowspan="3">0.16</td><td rowspan="3">0.46</td><td rowspan="3">36.89</td><td rowspan="2">1.51</td><td rowspan="2">2.24</td><td rowspan="2">42.59</td><td rowspan="2">6.97</td><td rowspan="2">0.2</td><td rowspan="2">1.13</td></tr>
<tr><td>原料生产</td></tr>
<tr><td>水资源供给</td><td>6.49</td><td>—</td><td>—</td><td>—</td><td>—</td><td>—</td></tr>
<tr><td>科研文化</td><td>5.27</td><td>0.13</td><td>0.38</td><td>30.30</td><td>46.37</td><td>68.8</td><td>209.41</td><td>—</td><td>—</td><td>—</td></tr>
<tr><td rowspan="7">间接使用价值</td><td>气体调节</td><td>10.92</td><td>0.28</td><td>0.77</td><td>62.80</td><td>—</td><td>—</td><td>188.30</td><td>0.46</td><td>13.18</td><td>0.16</td></tr>
<tr><td>气候调节</td><td>32.58</td><td>0.83</td><td>2.32</td><td>185.75</td><td>43.18</td><td>64.07</td><td>195.00</td><td>—</td><td>—</td><td>—</td></tr>
<tr><td>净化环境</td><td>9.58</td><td>0.23</td><td>0.69</td><td>56.21</td><td>—</td><td>—</td><td>—</td><td>166.17</td><td>2.34</td><td>6.85</td></tr>
<tr><td>水文调节</td><td>21.46</td><td>0.41</td><td>1.69</td><td>147.11</td><td>2.18</td><td>3.23</td><td>9.83</td><td>21.69</td><td>0.74</td><td>5.47</td></tr>
<tr><td>土壤保持</td><td>13.24</td><td>0.34</td><td>0.95</td><td>75.53</td><td>—</td><td>—</td><td>—</td><td>410.57</td><td>6.26</td><td>44.58</td></tr>
<tr><td>维持养分循环</td><td>1.03</td><td>0.026</td><td>0.071</td><td>5.71</td><td>—</td><td>—</td><td>—</td><td>—</td><td>—</td><td>—</td></tr>
<tr><td>生物多样性</td><td>12.08</td><td>0.31</td><td>0.86</td><td>68.94</td><td>20.50</td><td>30.43</td><td>92.61</td><td>23.57</td><td>0.87</td><td>7.01</td></tr>
<tr><td rowspan="3">非使用价值</td><td>存在价值</td><td colspan="10">700.602</td></tr>
<tr><td>遗产价值</td><td colspan="10">582.170</td></tr>
<tr><td>选择价值</td><td colspan="10">277.588</td></tr>
</table>

注：“—”为假设某类生态系统没有该类价值，或者相关价值合并到其他价值中，或者没有估算。由于相关评价的部分生态功能与表中不一致，所以采用近似替代，如水体的水文调节替代涵养水源，草地废弃物处理用净化环境功能替代，草地的固碳释氧作为气体调节功能。

二、单位价值量

根据价值篇研究结果，得到三江源区三类典型生态系统各二级子类型单位面积生态价值，见表 7-3（用前述第三章表 3-1、第四章表 4-1 和第五章 5-1 以及本章表 7-3 数据，计算草地、水体湿地和森林 3 种生态类型的每公顷价值量）。三大生态类型中，单位价值最大的是水体湿地，平均达到 67578.99 元/hm^2，其次为森林，平均 30436.32 元/hm^2，单位价值最小的是草地，平均为 8473.39 元/hm^2。

三大生态类型中各子类型单位价值最大的是河流生态系统，单位面积价值达 319792.75 元/hm^2；其次是针阔混交林，单位面积价值达 45043.97 元/

hm^2；最小的是高寒草原，单位面积价值为 2745.52 元/hm^2。其他从大到小依次为阔叶林、针叶林、灌木林、沼泽湿地、湖泊、高寒草甸和温性草原，单位价值分别为 44770.86 元/hm^2、34197.52 元/hm^2、29730.18 元/hm^2、27620.41 元/hm^2、19231.37 元/hm^2、10301.91 元/hm^2 和 5043.66 元/hm^2。

表 7-3 三江源草地、森林和水体湿地生态系统单位价值 元/hm^2

生态类型	二级生态类型	单位价值
草地生态系统	高寒草甸	10301.91
	温性草原	5043.66
	高寒草原	2745.52
森林生态系统	针叶林	34197.52
	阔叶林	44770.86
	针阔混交林	45043.97
	灌木林	29730.18
水体湿地生态系统	河流	319792.75
	湖泊	19231.37
	沼泽湿地	27620.41

资料来源：根据价值估算结果统计得到。

三、生态系统价值构成

（一）总价值构成

三江源生态系统服务功能总经济价值达到 6588.75 亿元/年，其中使用价值为 5028.39 亿元/年，高于总经济价值的 75%；非使用价值为 1560.36 亿元/年，占总经济价值的近 25%。使用价值是非使用价值的 3.22 倍。使用价值中的直接使用价值为 2237 亿元/年，占总经济价值的 33.95%；间接使用价值为 2791.39 亿元/年，占比为 42.37%。非使用价值中的存在价值占总经济价值的 10.63%；遗产价值占比为 8.84%；选择价值占比为 4.21%（见图 7-1）。

三江源生态系统服务功能的使用价值为 5028.39 亿元/年，占总价值的 76.32%，构成了源区总经济价值的主要部分，其中不同类型的生态系统贡献价值差距较明显。水体湿地生态系统贡献最大，其价值占使用价值的 55.64%；次之为草原类生态系统，占使用价值的 28.59%；之后是森林类生

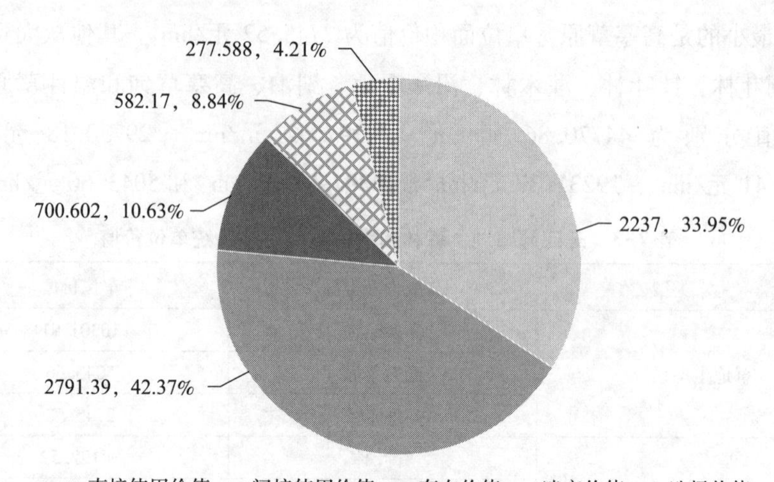

图 7-1　三江源生态系统总经济价值构成（单位：亿元/年）

态系统，占比为 15.77%（见图 7-2）。作为江河之源，三江源区水体湿地生态系统占据主导和支配地位，在淡水供给、水源涵养、水力发电、科研文化和美学等方面具有重要的服务功能。

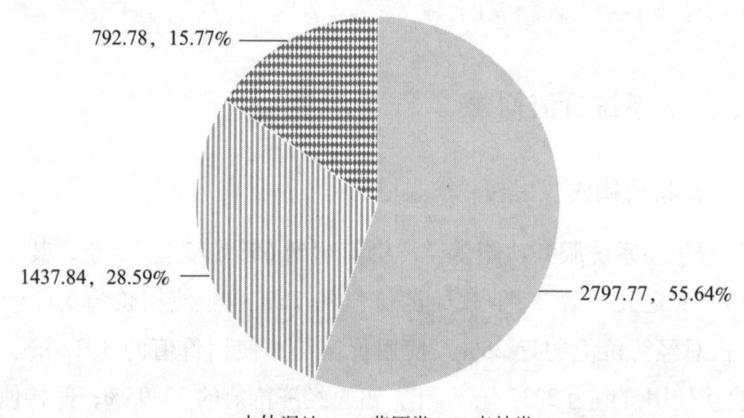

图 7-2　三江源水体湿地、草地、森林生态系统使用价值构成（单位：亿元/年）

（二）生态功能价值构成

三江源各类生态系统功能主要表现在使用价值上，以典型的生态支持和调节功能为例，生态功能价值主要体现在气体调节、气候调节、净化环境、水文调节、土壤保持、维持生物多样性、维持养分循环等方面。其中，生态功能价值最大的是气体调节，生态价值为996.31亿元/年，占间接使用价值的35.69%；其次是土壤保持，价值为551.47亿元/年（未考虑水体湿地），占比为19.76%；其后依次为气候调节价值为523.73亿元/年（未考虑草地），占比为18.76%；维持生物多样性价值为257.18亿元/年，占比为9.21%；净化环境价值为242.07亿元/年，占比为8.67%；水文调节价值为213.81亿元/年（草地和水体湿地生态系统的水文调节价值为水源涵养价值合并），占比为7.66%；维持养分循环价值为6.84亿元/年（只考虑森林范围），占比为0.25%（见图7-3）。

可以看出，三类生态系统在固碳释氧方面发挥的调节作用比较突出，土壤保持和气候调节处于中等水平，维持生物多样性、净化环境、水文调节分别不到10%，维持养分循环功能最小（见图7-3）。

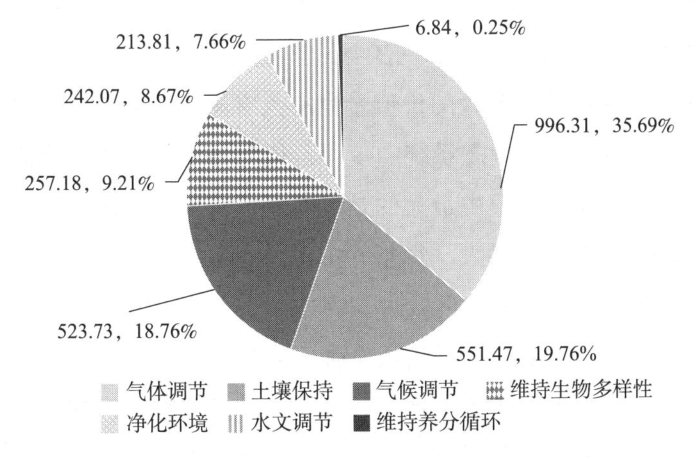

图7-3　三江源生态系统各生态功能间接使用价值构成（单位：亿元/年）

四、三江源区生态系统服务功能价值特征

（一）价值总量巨大

在某些自然生态系统没有考虑价值估算（如雪山冰川、地下水）、某些生态功能没有参与价值估算（如草地的气候调节、水体的净化环境和维持养分循环、林地的废弃物吸收降解等）的情况下，青海三江源自然保护区的生态

系统服务功能的经济价值也是巨大的，以2015年为例，三类草地、四种林地和河流、湖泊以及沼泽生态系统每年生态服务价值达6588.75亿元，而全省同期GDP只有2714亿元。全省人均生态价值达11.30万元，是人均GDP4.14万元的近3倍。作为我国乃至亚洲东南亚国家大江大河的发源地，长江、黄河、澜沧江三条江河在保护区内多年平均径流量达到499亿m^3，每年源源不断地向中下游地区输送大量的淡水资源。每年源区内的草原、沼泽湿地和森林等生态系统为维持和调节源区生态环境的良性循环发挥着越来越重要的支持作用。从2005年三江源自然保护区一期建设开始，国家对三江源地区的生态环境保护和建设投入大量资金，将整个三江源地区的生态保护进一步上升为国家重大战略，这都能体现三江源对国家社会经济发展的重要作用。

（二）各项生态功能价值差异明显

三江源生态系统各类生态功能价值量大小主要表现在其使用价值上。草地、水体湿地、森林构成了整个三江源地区生态系统服务功能的承载主体，在多种生态功能中各项所蕴含的价值量也有大有小，差异明显。本研究对源区草地、森林和水体湿地生态系统的使用价值尤其是间接使用价值的估算结果显示，源区生态功能价值中最大的是气体调节价值，气体调节价值中尤以草地类型中的高寒草甸为最大，每年681.48亿元，在参与价值估算的10类生态系统中对间接使用价值的贡献达24.41%。

当然，每种生态功能价值无论大小都不容忽视。千百万年来自然生态系统在自我维持与自我调节中不断演化发展，形成了多种多样的相互影响、相互依赖、相互支持的独特的系统集合体，少了哪一种，对自然生态系统来说都是灾难性和毁灭性的。虽然本研究核算的生态系统价值量有大有小，原因众多，但是不论什么原因，本研究旨在揭示其价值而不在于其价值的多少，生态价值量有大有小，但作用和地位却是同等重要的。“这个世界上绝了哪种生命都有可能导致地球的毁灭。狮子和蚂蚁一样伟大，小草和人类一样重要。”

（三）典型生态功能主导性

就本研究核算的三江源生态系统服务价值来看，不同价值类型大小有明显的差异，不同生态功能价值也体现出了比较明显的差异。总体看，作为长江、黄河和澜沧江的发源地，三江源向三条江河的中下游地区提供的淡水资源量巨大。在生态价值构成中有一项直接使用价值，其中的淡水资源价值，根据本研究估算，仅源区内的长江和黄河所提供的饮用水价值就有1322.35亿元/年，源区水体湿地使用价值总量为2797.77亿元/年，在核算的三大类生态系统中处于首位，价值的差异表现出三江源区的水体湿地在区域生态系统中的主导作用和核心地位。从某种程度上讲，三江源其他类型的生态系统都是围绕水体生态类型提供多种支持和服务功能。

五、生态系统价值评价的意义

（一）价值评价参考意义

生态系统价值评价涉及多学科、多领域的不同方法、成果和思维方式，这种综合性的跨学科研究更能揭示复杂的自然现象和社会现象。实物量法和当量因子法是目前生态价值评价的两种最常用的方法，本章选取的三江源生态系统价值评价对象虽然只有草地、水体湿地和森林三种，但其生态价值评价的两种主要方法都有应用。其中草地和水体湿地生态系统基于生态学以及其他相关自然学科的理论研究成果，依据生态系统各种物质和能量的循环交换、输入输出的生物物理量数据，采用实物量法进行经济价值估算，在森林生态系统则采用当量因子法进行评价估算，而对整个生态系统非使用价值评价采用意愿调查法。生态价值评价的多方法应用更能促进生态价值评价方法的合理性和认同度。

从生态系统服务功能的经济价值评价方法实践研究角度看，在一项研究中同时采用多种方式还比较少见，而本书的创新点就体现在对生态系统服务价值评价采用了多种方法相结合的应用形式，虽然有许多不尽如人意的地方，还有许多不足甚至错误的地方，比如生态系统中物质和能量循环交换、生物物理量系数和参数的应用不一定精确、基于大尺度范围的非使用价值评价的意愿调查法问卷数量还是偏少等；但这种尝试至少对人为“赋值”自然环境和生态系统有些许的参考意义。

（二）价值评价的理论意义更重要

生态价值以人类社会的价值体系去模拟自然环境，人为“赋值”自然生态系统，以期达到可观测、可比较的目的。借用人类行为和活动的价值观去模拟和“赋值”自然生态系统，所以它不是事实，不具有实践性，也就是说，自然环境或生态系统的价值实质上是不可量化的，尽管生态系统也提供一些可观测到的直接使用价值的物品，但是其最大的作用在于为整个自然界和人类社会提供各种支持和服务，失去了这种支持和服务的存在，自然界也会“坍塌”，人类社会也将不继。可以再打一个更形象的比喻，就像我们每个人一样，身体的各个器官在维持我们生命过程中都发挥了不可替代的作用，尽管一个个都可以标出“价值百万”的筹码，但是有谁愿意去为了百万金钱而舍弃自己的“心、肝、肾”？将自然界比之于人，自然环境中的山、水、林、草就如同我们身体的一个个器官，器官的功能丧失，我们的生命也将停止，山、水、林、草生态系统遭到破坏，自然环境也会“坍塌”。自然环境的生态功能尽失，人类的命运也将不继！

事实上，金山银山价值几何并不重要，重要的是这种饱含着敬畏自然、尊重自然、爱护自然，谋求人与自然和谐相处的可持续发展理念要根植于心并深入贯彻。生态环境的价值评价乃至生态保护和建设的根本目的不是要把绿水青山变成金山银山，而是要守住、守好比一座座金山银山更金贵的绿水青山，切实维护好承载人类自身长久和持续发展的自然环境。生态系统经济价值估算和评价本身的“价值”应该是它的理论意义——绿水青山就是金山银山，不要把绿水青山变成金山银山，而是要守住、守好绿水青山，胜过金山银山。

可持续发展篇

绿水青山就是金山银山，如果绿色缺乏持续性，再诱人的金山银山也只是昙花一现。基于可持续发展相关理论与研究，本篇在探讨了三江源自然保护区“金山银山”价值几何的基础上进一步探讨源区生态与经济可持续性。本篇包括第八、第九、第十、第十一章共四章。第八章以可持续发展理念为基础，梳理生态与经济可持续发展的有关理论、方法和研究成果，尝试为提升三江源地区生态与经济可持续发展能力提供研究支撑；第九章以生态足迹和生态承载力模型为基础，探讨三江源地区生态系统安全和可持续发展；第十章，在三江源地区“金山银山”价值几何的基础上以线性规划模型为工具，着重从理论上探讨三江源生态资源结构优化问题；第十一章为可持续发展篇的总结与思考。

第八章

经济与生态可持续发展相关理论与研究

一、相关理论

（一）可持续发展

人类社会的发展就是不断展示自身力量的过程。科学技术的迅猛发展，工业化进程的不断加快，使得人们通过自然获取物质财富的能力大大增强，进而"改造自然、征服自然"的欲望与实践也愈加强烈。发达国家的富裕，发展中国家的赶超，过度地攫取大量宝贵的自然资源，人类赖以生存的环境也遭到严重的破坏，一系列的生态破坏和环境污染事件层出不穷，全球性的环境问题日益突出。20 世纪中期开始，人类不得不开始重新审视以往走过的发展道路，开始反思自己的行为，以往的发展观、价值观以及对自然资源和生态环境的认识遇到前所未有的挑战。

20 世纪 60 年代美国经济学家 K. 波尔丁提出的宇宙飞船经济理论指出地球人口和经济的无序增长使得有限资源耗尽，生产和消费过程中排出的废料污染最终毒害船内的乘客，飞船坠落，社会崩溃。1962 年美国海洋生物学家 R. Karson 出版《寂静的春天》，指出生物界以及人类所面临的危险。1972 年罗马俱乐部 D. L. Meadows 的《增长的极限》指出人类对于自然资源和服务的占用早已超出了地球的长期承载能力，呼吁把人类追求的无限增长限制在地球可以承载的限度之内。1972 年联合国人类环境会议通过的《人类环境宣言》郑重声明人类只有一个地球，在开发利用自然的同时要承担维护自然的义务，自此可持续发展概念正式成为一个国际问题。[①] 1987 年世界环境与发展委员会（WCED）的报告《我们共同的未来》深刻指出了当今世界环境与发展方面存在的问题，并提出了处理这些问题的具体的和现实的行动建议，最终提出了“可持续发展”的概念，实现了人类有关环境与发展思想的重要飞跃。1987 年，挪威首相格罗·哈莱姆·布伦特兰（Gro Harlem Brundtland）将可持续发展定义为：“既能满足当代人的需要，又不对后代人满足其需要的能力构成危害的发展。”她对可持续发展的定义被世界各国广泛接受并引用。1992 年 6 月在巴西里约热内卢召开了联合国环境与发展会议（UNCED），使人类对环境与发展的认识发生了重大转折。这次会议通过了《里约环境与发展宣言》《21 世纪议程》《气候变化框架公约》《生物多样性公约》等一系列宣言和公约，可持续发展新思想、新理念进一步被世界各国所接受，成为人类的共识，也正式将可持续发展从概念转变为实践。

国内早在 20 世纪 80 年代就开始对可持续发展理论进行研究，并总结形成了具有影响力的思想理论。早在 1983 年牛文元同马世骏院士就一道参与起草了世界环境与发展委员会可持续发展纲领性文件《布伦特兰报告》，随后，牛文元一直致力可持续发展研究，为我国可持续发展做出了开创性的贡献。刘思华对可持续经济的研究，记录了中国生态经济学形成与发展及其中国可持续发展经济学创建初期的认识过程与系统见解。戴星翼通过研究认为，提高资源的使用率可以延缓生态环境的破坏，从而达到可持续发展目的等。1988 年中国科学院首次将可持续发展列入中科院生态环境中心的研究计划。1995 年 9 月，党的十四届五中全会正式将可持续发展战略写入《中共中央关于制定国民经济和社会发展“九五”计划和 2010 年远景目标的建议》，提出“必须把社会全面发展放在重要战略地位，实现经济与社会相互协调和可持续发展”。1999 年 3 月，中国科学院可持续发展研究组编写的《1999 中国可持续发展战略报告》首卷本正式出版。2003 年 10 月，党的十六届三中全会明确提出了“坚持以人为本，树立全面、协调、可持续的发展观”，同年，国务院发布了《中国 21 世纪初可持续发展行动纲要》，开始了我国可持续发展的进

① 徐晓峰．联合国三次人类环境会议宣言比较分析［J］．科技展望，2014（13）：126-128.

程。2016年国务院印发了《2030年可持续发展议程创新示范区建设方案》，旨在破解制约我国可持续发展的关键瓶颈问题，同时集科技、资源、体制等为一体，打造可复制、可推广的可持续发展现实样板。

可持续发展涉及人类活动的方方面面，内涵丰富，领域宽广，但从其本质上来看，可持续发展是一种理念、一种思想，是人类长期以来对自己行为反思后形成的理性化思维认识。这种理性认识反映在人类选择发展模式时要遵循生态系统的自然规律、循环利用自然资源和保护好生态环境的发展理念，要求经济建设和社会发展要与自然承载能力相协调，强调发展的长期性和可持续性，其实质就是对经济的发展提出了限定条件，如果违背生态系统的自然规律一味追求经济增长，就会造成发展的不可持续，影响人类的长远发展。经过多年的探索和实践，可持续发展内涵已经大大拓展，基本维数从原来的粮食安全、满足人类基本需求、人口增长、生态系统等，扩展到包括技术支持和管理等满足当代和后代需求的更多维度。良好的生态环境是可持续发展的基础，对此，各领域的专家和学者从不同的角度进行了研究：人口学家从人口增长的角度研究人对生态环境的影响；环境学家从环境承载力的角度研究环境污染的代价；经济学家从资源的角度研究环境资源的价值；生态学家从生态平衡和生物多样性的角度研究可持续发展。① 在可持续发展系统中，经济可持续是基础，生态可持续是条件，社会可持续是目的，实现以人为本的自然—经济—社会复合系统的持续、稳定、健康发展。②

（二）生态可持续与生态安全

"既满足当代人的需求，又不损害后代人满足其需求"的发展模式，就是当前发展注重对资源的节约性开发与环境的保护性利用，这是一种兼顾发展与生态保护、当前与未来、当代人与后来人的长远性发展战略，表现在生态可持续发展方面，就是经济社会发展的同时必须保护好人类所处的生态环境，保证以可持续的方式使用自然资源和生态环境。可持续发展同时要求发展是有限的、连续的，并且要改变发展模式就必须从人类发展的源头、根本上解

---

① 刘惠敏. 基于生态可持续的区域发展系统研究［D］. 上海：同济大学，2008.

② 赵月皎. 山东省海洋生态经济可持续发展评价及模式研究［D］. 青岛：中国海洋大学，2013.

决问题。生态系统为经济社会长期发展提供了支撑和保障，生态可持续发展实质上就是生态为经济提供可持续服务的能力。

自20世纪70年代以来，恢复退化生态系统和合理管理现有的自然资源日益受到国际社会的关注。人们开始接受和提倡对生态系统进行科学管理的思想，认识到传统的单一追求生态系统最大产量的观点必须转向生态系统可持续性的观点，资源管理也必须从单一资源管理转向系统资源管理。特别是1992年联合国环境与发展会议召开以来，可持续发展成为国际社会的共识，可持续性成为自然资源管理的目标。①

人类社会的可持续发展从根本上取决于生态系统及其服务的可持续性。党的十八大提出“建设生态文明、加大自然生态系统和环境保护力度、增强生态产品生产能力”的要求，从生态文明的哲学角度强调生态产品的服务能力具有可持续性，从人类发展的源头、从根本上解决环境问题。确保生态系统尤其是重点生态保护区生态系统良性循环，增强生态产品供给质量和可持续服务能力对人类社会的可持续发展具有极其重要的意义。

生态安全是一个含义较广的概念，是指生态系统的健康和完整情况，是人类在生产、生活和健康等方面不受生态破坏与环境污染等影响的保障程度，包括饮用水与食物安全、空气质量与绿色环境等基本要素。健康的生态系统是稳定的和可持续的，在时间上能够维持它的组织结构和自治，以及保持对胁迫的恢复力。反之，不健康的生态系统，是功能不完全或不正常的生态系统，其安全状况则处于受威胁之中。② 从狭义的角度来看，生态安全可以理解为维持人类生存与发展的自然资源与环境的稳定和可持续性。在探讨三江源地区经济与生态可持续发展的特定条件下，对生态安全的理解侧重于生态系统的稳定性和可持续性。

二、相关研究方法

可持续发展内涵丰富，涵盖人类社会与经济活动的方方面面，还包括承

① 林群，张守攻，江泽平，等．森林生态系统管理研究概述［J］．世界林业研究，2007（2）：1-9.
② 引自360百科：生态安全。

载人类发展的自然环境。从经济可持续到全社会可持续，再到生态环境的可持续，也是人类自身思想认识持续进步的结果，围绕人与自然可持续发展的理论和研究也越来越成为一门显学。生态环境可持续发展，就是在经济社会发展的同时必须保护好人类所处的生态环境，保证以可持续的方式使用自然资源和生态环境。从生态系统安全含义也可以看出其强调的是自然资源与环境的稳定和可持续性。本研究在探讨生态系统安全与可持续发展中，从生态足迹理论和模型出发，通过生态足迹和生态承载力以及生态盈余或赤字等指标进行定量分析和比较，从而判断某一地区当前生态安全与可持续发展的状态，进而对未来生态环境保护和经济社会发展提供可行的建议。当然，生态足迹模型并非研究生态系统安全与可持续发展的唯一方法，而且在应用中也存在一些问题，还是一个在不断改进和逐渐完善的事物，但在探索人类与自然环境的可持续发展中仍是一种较常用的分析方法。

（一）生态足迹

在人类社会迅速发展的今天，伴随发展而产生的环境问题越发突出。因此，我们在反思自己的发展过程时，不得不重新考虑整个地球和自然环境对于人类活动的容纳能力，并开始审视自然生态环境和社会发展之间的关系。因此，国内外一些学者开始进行经济社会可持续发展和地球承载力的研究，致力于找到一个可以衡量可持续发展的指标，生态足迹在此背景下也应运而生。生态足迹（Ecological Footprint）是1992年由加拿大生态经济学家Ress首次提出，1996年Wackernagel在Rees的基础上进行改善，主要是为了衡量人类对自然资源的利用程度以及自然界对人类所需资源的供应程度。

生态足迹也称“生态占用”，是指特定数量人群按照某一种生活方式所消费的，由自然生态系统提供的各种商品和服务功能，以及在这一过程中所产生的废弃物需要环境（生态系统）吸纳，并以生物生产性土地（或水域）面积来表示的一种可操作的定量方法。它的应用意义是通过生态足迹需求与自然生态系统的承载力（亦称生态足迹供给）进行比较，即可以定量判断某一国家或地区目前可持续发展的状态，以便对未来人类生存和社会经济发展做出科学规划和建议。①

生态生产性土地是指具有生物生产力的地表空间，也指生态足迹分析法为不同类型的自然资本提供的可以进行统一度量的标准。生态生产可以为自然资本带来相应的自然收入，自然收入的大小通过生态生产力来衡量。生态生产力越大，产生的自然收入就越高，相应的自然资本的生命支持能力就越强。② 简单来说，生态生产性土地就是指具有生态生产能力的土地，根据生产力大小的差异，地球表面的生态生产性土地可分为七大类：化石能源用地、耕地、草地、森林、建筑用地、水域和未使用地。其中未使用土地一般指没有给人类提供直接的消费产品的土地，如盐碱地、沙地、沼泽地、裸土地等，虽然某些未使用土地也具有一定的生态价值，但是一般计算中通常不考虑未使用地而采用其他六类生态生产性土地面积。生态足迹模型主要通过对研究区域生态足迹、生态承载力、生态赤字（盈余）的测算，以测评区域生态可持续发展状况。

当然，生态足迹模型在应用的时候也有其局限性。根据生态足迹的含义，它是考察特定数量的人群在特定区域内所消费的各种商品和服务以及在这一过程中所产生的废弃物需要该区域生态系统吸纳，并以该区域生物生产性土地的面积表示。所以，就全球范围来说，人群是一定的，区域也是一定的，当我们用生态足迹模型考察某一国家或地区的区域性自然环境与人类生存之间的可持续发展关系的时候，该模型的局限性就表现出来了，因为该区域人们的消费并不一定全部由该区域的生物生产性土地来提供。或者说，生态足迹分析方法更像是在一个全封闭的“太空舱”里，有一群人在“自然地生活”，没有人进去也没有人出来，一切生活来源依靠“太空舱”里的“山、水、林、草”等生物生产性资源提供。这是一个比喻，用来理解生态足迹模型，也可以说明研究者利用生态足迹模型进行区域性自然环境与人类生存之间的可持续发展关系的研究中的局限。但是，在探索人类与自然环境的可持续发展中的关系时，生态足迹理论和方法仍然是一种较常用的分析方法，本

---

① 引自 360 百科：生态足迹。

② 赵玲 . 生态经济学［M］. 北京：中国经济出版社，2013.

研究同样如此。

（二）生态承载力

生态承载力的概念最早来自生态学，原本指地基对于地上建筑物的承载力。1921 年，Park 和 Burgess 在人类生态学领域研究中首次应用了生态承载力这一概念，即在某一特定的生态因子的组合环境条件下，某种生物个体存在数量的最高极限。后来生态承载力的应用范围逐步延伸，相继出现了生态环境的各相关领域，比如环境承载力、资源承载力、交通承载力、种群承载力以及以地域和空间划分的如区域承载力、空间承载力、城市承载力等许多概念，这些概念都是伴随经济发展与社会进步而产生，都是对现实生活中出现的一系列问题的反映。虽然从概念上可以看出不同类型的承载力的含义相差较大，但它们的本质都是一样的，都是对社会问题的反映，只是反映的方式和反映的角度有所不同。在可持续发展理念被提出来之后，科学家们在研究承载力与可持续发展的关系时，又提出了可持续发展应该建立在可持续的承载力上。随着研究的深入，越来越多的学者开始关注承载力和可持续发展之间的关系。虽然承载力和可持续发展所面临的问题是相同的，即都是资源、环境、人口与发展问题，但不同的是，它们对所面临问题的分析与研究角度却有着较大的差异。承载力是根据某一地区自然资源和环境的实际可能的供应能力来确定当地合理的人口规模和与其相适应的经济发展速度。而可持续发展则是从另外一个更高的角度看问题，即更加高效、高质量、可持续地发展。尽管如此，可持续发展还是要立足于实际的自然资源与环境，要受到自然资源和环境的限制。具体分析，它们之间的关系可以这样理解：可持续发展是要实现的最高目标，人是连接两者的纽带，而承载力是实现最高目标的基础，因此生态承载力就是要确定生态系统对人类活动的最大承受能力，因为它从多方面去研究一个地区的生态系统状况，更加突出研究的整体性、协调性与关联性。

生态承载力的概念很容易被理解为生态系统（资源环境）能够承载一定生物数量及其活动的能力，反映生态环境为人类提供生态服务和资源的潜力，一定程度上也反映了生态系统自我维护和调节的能力，即“太空舱”里的

"山、水、林、草"等生物生产性资源为"自然地生活"在里面的人们提供生态服务和资源，能够承载"太空舱"里人类活动的最大承受能力。

（三）生态赤字与生态盈余

在生态足迹原理的基础上，可以通过比较生态足迹与生态承载力的大小来反映区域生态环境可持续性。生态足迹与生态承载力的差值表示为生态盈余或生态赤字，在一定程度上可以反映一个地区生态系统安全与可持续性。当一个地区（或国家）的生态足迹小于其生态承载力时，说明这个地区的人类活动对该地区自然环境的影响较小，该地区的人地关系较为和谐，该地区的生态处于可持续发展状态，出现的是生态盈余，即生态系统提供的生态资源和服务能够充分满足这一区域社会经济发展的需求，同时生态系统在呈现生态盈余的情况下有很好的自身恢复能力。相反，当一个地区的生态足迹大于该地区的生态承载力时，说明该国家或地区的人类活动对该地区的自然环境影响较大，该地区的自然环境处于超负荷工作状态，所提供的各种资源不能满足该地区人口增长和社会经济发展的需要。

过强的人类活动必然导致该地区产生一系列的环境问题，该国家或地区的社会经济没有处于可持续发展的状态，这种情况就是生态赤字。所以说生态赤字和生态盈余是在生态足迹与生态承载力共同的作用下出现的，二者相对大小的比较反映出生态系统的供给能力和人类生产活动对生态环境及其提供资源的需求能力，可以用来判断社会经济发展对生态环境造成的影响，在一定程度上体现了地区生态系统的安全性，或者说生态可持续发展的能力以及强弱。

再用"太空舱"的例子来说明，生态盈余就是"太空舱"里的"山、水、林、草"等生态系统提供的生态资源和服务超过了舱里"自然地生活"的人们的需求，"人与自然"关系较为和谐，"太空舱"的生态具有很好的自身恢复能力，处于可持续发展状态，生态赤字则相反。

生态安全是指人类社会生存和发展所需的生态环境能提供人类长久服务的状态，这种状态越持久，生态可持续性的能力就越强。为进一步考察区域生态环境的承载能力，有时也可以通过生态压力指数以及相应的指标等级来评价区域生态安全以及不同时空条件下的地区生态安全。生态足迹与生态承载力的比值称为生态压力指数，反映了区域生态环境承载人类活动的相对能力。在第九章中，在生态足迹、生态承载力和生态盈余分析基础上进一步利用生态压力指数尝试对三江源地区的生态安全与可持续发展以及区域内不同时空条件下的生态安全进行了探讨。

（四）生态系统多样性指数与 Ulanowicz 发展能力

生态系统多样性指数能够反映区域生态系统的结构稳定性与协调性，是由 Shannon-Weave 提出的。生态系统多样性指数由丰裕度和公平度构成，其中丰裕度代表不同土地类型利用的数量，生态系统组成的分配状况用公平度表示。[①] 生态系统中各类生态性土地分配越接近平等，系统多样性就越高，系统的稳定性越强。

对经济生态系统的发展能力进行定量研究，被很多学者认为是探讨可持续发展的重点。美国系统生态学家 Ulanowicz 为了论证发展能力与多样性间所具有的相关关系，开展了大量相关研究，用系统产出的大小和组织对“系统的发展”进行定义，他定义了系统发展的上限。其中“系统产出的大小”是指能量的产出量。在国内，徐中民于 2003 年首次采用 Ulanowicz 发展能力公式测算了较好的预测指标，发现增加经济生态系统的多样性能够有效地提高区域的发展能力。

（五）万元 GDP 生态足迹

生态足迹方法所包含的测度信息具有一定的局限性，是侧重从生物物理量角度进行可持续测度的方法，具有一定的生态偏向性，对经济生态系统进行研究，若忽略了环境、资源、经济和社会中的任何一方面，都不能保证测度结果科学有效。当今经济的快速发展需要更多的资源来支持，人口的急剧增加也使得资源的消耗显著增加。对于如何利用有限的资源来满足日益膨胀的社会需求，国内一些学者将 GDP 与生态足迹结合起来，共同分析区域经济生态系统的可持续性。

---

① 沈金明．基于生态足迹模型的南渡江流域生态经济系统可持续发展研究［D］．长沙：中南林业科技大学，2012．

万元 GDP 生态足迹就是在一定区域内，每生产 1 万元 GDP 产生的生态足迹，是反映一个区域对资源利用效率的指标。万元 GDP 生态足迹可由一个地区的生态足迹比上该地区的 GDP 得到。万元 GDP 生态足迹将区域的经济发展与经济发展成本——生态占用联系起来，能够衡量经济发展的质量与资源利用效率。万元 GDP 生态足迹指标与经济发展质量、资源利用效率成反比，其数值越大，表明当地经济发展质量越差，资源利用效率越低。反映在生态系统中，万元 GDP 生态足迹指标在一定程度上也表明生态系统服务经济发展的持续性。

（六）生态资源优化与分析方法

关于资源最优利用问题，使用最多、影响较广的是运筹学中的一个重要分支——线性规划（Linear Programming，LP）。线性规划是人们进行最优化科学管理的一种数学方法，特指目标函数和约束条件皆为线性的最优化问题。线性规划法应用广泛，尤其是涉及投入产出的经济活动分析——在有限资源条件下如何实现目标最优化的决策，很多最优化问题算法都可以分解为线性规划子问题，然后逐一求解。目前线性规划方法除了在经济活动分析中应用外，还广泛应用于企业经营管理、工程技术和军事领域等方面，为人们合理地利用有限的人力、物力、财力等资源做出最优决策提供科学的依据。目前看，线性规划方法多用于水资源、土地资源等方面的优化利用与规划，实际上，在其他类资源尤其是生态环境资源方面的运用比较鲜见，根本原因在于生态资源的特殊性决定了其人为优化和配置的可行性和难度。

虽然线性规划方法是研究较早、方法成熟、应用广泛的一种资源最优化分析方法，但是利用线性规划方法进行生态环境资源优化分析的内容还比较少，关键原因还是生态环境作为一种特殊的资源实际上并没有也无法进入市场交易体系以展现其价值和收益。从与资源及环境相关性来看，目前线性规划方法多用于水资源、土地资源等方面的优化利用与规划。

本研究正是基于这样的考虑，第十章利用线性规划模型在三江源生态资源结构优化方面进行尝试，至少在理论上探讨三江源区不同类型的生态资源满意的未来调整和变化。

三、相关研究

人类社会迅速发展而带来的环境问题越来越突出，因此，人们在反思自己的发展过程时，不得不重新考虑整个地球和自然环境对于人类活动的容纳能力。国内外有许多学者开始进行经济社会可持续发展和生态环境承载力的研究，致力于找到两者平衡和协调的目标。

关于经济社会可持续发展和生态环境承载力评价指标的研究，一直是可持续发展研究中的难点和重点环节。近年来，学界一直在探索可持续发展的量化测度评价体系，并提出一系列有价值的评价指标和方法，其中较有影响力的评价方法有环境可持续性指数、自然资本指数、生态系统服务指标体系、生态足迹指数、能值分析、绿色 GDP 等。其中生态足迹和绿色 GDP 运用较为广泛，国内很多学者运用这两个指标来研究我国或者我国某个地区的可持续发展水平。李大雁（2006）针对中国目前面临的能源消耗与环境污染压力日益增大的问题，提出实施“绿色 GDP”战略对于实现我国未来经济持续增长和实现全面建成小康社会战略目标的必要性，并结合中国的实际情况提出了实施“绿色 GDP”战略的具体建议。玉梅等对内蒙古自治区 1991—2015 年总的人均生态足迹及 5 类生物生产的人均生态足迹分析得出：随着经济的快速发展，生态足迹不断增大，这不仅加大了生态压力，生态安全与生态可持续发展能力也在不断下降。赵毓梅和洪谦（2008）将经济生态学的生态足迹理论运用于可持续发展，研究人类需求与生态环境供给的协调关系。赵正和宁静等（2019）以黑龙江大庆市为例，基于生态足迹模型，对资源型城市生态承载力进行评价，研究认为城市的可持续发展能力评价体系分为生态、社会、经济和智力支持 4 个子系统。

Wackernagel 和 Rees 在 1996 年提出生态足迹概念后，William E. R. 曾将其形象地比喻为“一只负载着人类与人类所创造的城市、工厂……的巨脚踏在地球上留下的脚印”。1996 年以后 William E. R. 和 Wackernagel 又从不同的侧面对其进行了定义：“一个国家范围内给定人口的消费负荷”“……用生产性土地面积来度量一个确定人口或经济规模的资源消费和废物吸收水平的账户工具。”总之，无论如何定义，关于生态足迹总有一个清晰、科学而严格的定义，那就是：“生态足迹是一种可以将全球关于人口、收入、资源应用和资源有效性汇总为一个简单、通用的进行国家间比较的便利手段——一种账户工具。”①

《地球生命力报告》在全球范围内监测代表 4005 个物种的 16704 个动物种群，包括哺乳动物、鸟类、鱼类、爬行动物和两栖动物，来衡量生物多样性的变化。《地球生命力报告》致力于对全球生态的可持续发展，从 1998 年《地球生命力报告》② 发布以来，人均生态足迹和人均生态承载力逐年上升。从这几年的《地球生命力报告》中可以看出，人均生态足迹在逐渐增加，而人均生态承载力增加幅度小于生态足迹，甚至是负增加，从而导致地球的生态赤字在逐渐增大，生态可持续性在生态承载力方面呈现恶化的趋势。

近几年来，随着国内生态环境急剧恶化，不少学者都在寻找一条经济与环境和谐相处的道路。中国国家与政府为了实现中国人与自然的和谐发展，同时也为了响应国际社会保护地球自然环境的号召，于 1994 年颁布了《中国 21 世纪议程——中国 21 世纪人口、环境与发展白皮书》，提出了中国实施可持续发展的总体战略，不少学者也开始运用生态足迹理论来研究中国经济发展与生态环境的关系。在国家层面的生态足迹研究有张志雄等（2017）、吴朝阳等（2017）、胡正李等（2017）、冯银等（2017）等。国内学者对于中国各个地区层面的生态足迹与生态承载力研究越来越多，这表明生态足迹理论和方法被越来越多的国内学者所接受，研究成果颇多，如郑晖等（2013）、沈伟腾等（2017）、杨海平等（2017）、付银等（2018）、玉梅等（2018）。

由于三江源地区独特的生态地位和特殊的地理位置，其生态环境是否处于可持续发展状态也引起了许多学者的关注，相应的研究也比较多。如徐小玲（2007）、薛天云等（2011）、巴毛文毛等（2012）、魏晓燕等（2016）。高雅灵、林慧龙等（2019）运用生态足迹模型对 2000—2012 年三江源生态足

① 赵玲．生态经济学［M］．北京：中国经济出版社，2013.

② 世界自然基金会（WWF）自 1998 年来每 2 年发布一次《地球生命力报告》，在全球范围内监测代表 4005 个物种的 16704 个动物种群，包括哺乳动物、鸟类、鱼类、爬行动物和两栖动物，来衡量生物多样性的变化。

迹、生态承载力等进行计算得出三江源地区生态足迹在逐年上升，生态承载力下降，使得三江源生态处于弱不可持续状态。

三江源地区生态地位突出，不仅会影响到该地区人类的生存与发展，更重要的是会严重影响到黄河、长江、澜沧江中下游地区人类的生存与发展。三江源地处青藏高原，其本身的生态系统原本就非常脆弱，一旦其生态环境遭到破坏，在很长时间内都难以恢复，甚至无法恢复。作为我国重要的生态安全屏障和高原生物物种资源库，保护好长江、黄河源头的绿水青山，对中华民族的永续发展至关重要。从 2003 年国务院正式批准青海建立三江源国家级自然保护区开始，自 2005 年到 2020 年政府连续实施了两期三江源生态保护和建设工程之后，2021 年 10 月三江源国家公园正式设立，这一系列围绕三江源的生态保护和建设措施将有力地促进地区生态功能不断强化，环境质量持续改善。

第九章

三江源生态系统安全与可持续发展

一、生态足迹模型

（一）生态足迹计算

生态足迹是指人类生产和消费过程中占用地球生态系统的面积，即生产一定人口所消费的资源和吸纳这些人口所产生的废弃物所需要的生物生产性面积。运用生态足迹模型计算三江源地区以及区内不同州的生态足迹，目的是测度三江源区人们对于生物生产性土地的占用情况，并与后面的生态承载力进行比较，从而判定区域经济和环境的可持续性，探讨三江源区生态可持续服务能力。在生态足迹计算结果中，生态足迹数值越大，表明人类生产和消费所占用的生物生产性土地面积就越大，对生态环境的破坏越强，反之，则说明对生态环境的破坏越弱，在一定程度上揭示出经济和环境的可持续性。

生态足迹的计算公式为：

$$EF = Nef = N\sum(aa_i) = N\sum(T_iC_i/P_i),\ (i = 1, 2, 3, \cdots, 6) \quad (9\text{-}1)$$

$$ef = \sum_{j=1}^{6} ef_j \times r_j \quad (9\text{-}2)$$

$$ef_j = \sum_{i=1}^{n} \frac{C_i}{P_i} \quad (9\text{-}3)$$

其中，EF 为区域总的生态足迹（hm^2）；ef 为该区域人均净生态足迹（hm^2）；ef_j 为第 j 种生态生产性土地的生态足迹量（hm^2）；i 为消费项目的类别；N 为区域内总人口；aa_i 为第 i 种消费项目折合成相对的生态生产性土地面积（hm^2）；T_i 为第 i 种消费项目对应生物生产性土地的权重；C_i 为第 i 种消费项目的人均消费量（kg）；P_i 为第 i 种消费产品的全球平均生产能力（kg/hm^2）；n 为消费项目的个数；r_j 为生态足迹等量化因子（均衡因子）。

生态足迹在计算的时候有总生态足迹和人均生态足迹之分，通过对以上模型的解释，我们可以看出总生态足迹为人均生态足迹乘以该区域总人口，如果知道这一区域内人均生态足迹就可以计算出这一区域内总的生态足迹。考虑人均生态足迹比总生态足迹能更好地反映地区生态足迹需求与自然生态系统的承载力的关系，所以包括生态足迹、生态承载力在内的指标一般都按人均计算。

生态足迹等量化因子（均衡因子 r_j）确定：由于不同生物生产性土地面积最后要折合为一个指标，所以要对不同生态足迹的消费项目进行加权。本文采用传统生态足迹计算中采用的均衡因子：农业耕地为 2.8、林地为 1.1、牧草地为 0.5、建筑占地为 2.8、化石能源用地为 1.1、水域为 0.2。①

（二）生态承载力计算

生态承载力的概念来源于地质领域，原本指地基对于地上建筑物的承载力。将承载力这一概念应用到经济学领域，指的就是自然生态环境对人类生活所消耗资源量和消耗量的承载力。可以将生态承载力概念概括为：生态系统自我维护和调节的能力，资源环境系统能够承载一定生物数量及其活动的能力，反映生态环境为地球提供生态服务和资源的潜力，即该区域生物生产性土地数量。

由于不同地区资源禀赋不同，同一类型生物生产性土地面积的生产能力也有差异，所以不同国家和地区同类生物生产性土地的实际面积不能进行实际对比。因而不同地区的某一生物生产性土地面积所代表的区域产量与世界

① 生态足迹模型中最重要的两个参数是均衡因子和产量因子，国内大部分生态足迹模型应用多借用全球或者国家等大尺度的均衡因子，即 Wackernagel 和 Rees 在 1996 年提出的全球或者国家范围大尺度的均衡因子。虽然也有不少区域在生态足迹的研究中进行了本地化参数的调整，但就三江源地区而言，生态足迹的计算不与其他地区做比较，所以均衡因子的采用对区内经济和环境的可持续性分析影响不大。相反，如果进行不同区域间的生态足迹比较分析，传统的均衡因子应当做适用性考虑。下文中生态承载力计算中的产量因子亦同。

平均产量的差异可用“产量因子”来调整。“产量因子就是描述特定时期中，一个国家或地区某一类型土地（如耕地、林地、草地）的生产力与该类土地的世界平均生产力的差异程度，以比值来表示。”①

测度三江源区域生态承载力的目的是掌握三江源地区的生物生产性土地数量（即该地生态的承受最大量），生态承载力数值越大，表明该地区生物生产性土地数量越多，人均生态占有量越多，该区域的生态承载能力越高，反之，表明该区域的生态承载能力低。

生态承载力的计算公式为：

$$EC = ec \times N = 0.88 \times CZ \times N = \sum A_i \times T_i \times YF_i \times N,\ (i = 1,\ 2,\ 3,\ \cdots,\ n) \tag{9-4}$$

其中，EC 表示总的生态承载力；ec 表示人均净生态承载力；CZ 表示人均毛生态承载力；N 表示总人口；A_i 表示人均占有第 i 种消费项目的生态生产性土地面积；T_i 表示第 i 种项目对应生态生产性土地的权重系数；YF_i 表示 i 项目的产量因子。0.88 为世界环境与发展委员会（WCED）报告的生态承载力调整系数，即扣除 12%的生物生产性土地面积用来保护生物多样性，得到实际可利用的人均生态承载力。

生态承载力产量因子的确定。产量因子是为了解决各种生态生产性土地产量水平问题而出现的，也叫生产率系数，本文采用 Wackernagel 在全球生态足迹研究中所采用的中国土地的产量因子，即农业耕地为 1.66、林地为 0.91、牧草地为 0.19、建筑占地为 1.66、化石能源用地为 1.1、水域为 1.0。

（三）生态盈余（赤字）与生态压力

1. 生态盈余（赤字）

生态盈余是指在一定区域内，生态系统提供的生态资源和服务能够充分满足这一区域生态需求，而生态系统在生态盈余的情况下有很好的自身恢复能力，即生态处于可持续发展状态。生态赤字是指在一定区域内，生态系统提供的生态资源和服务不能够满足这一区域生态需求，即生态供给能力小于

① 引自百度百科：产量因子。

生态需求能力，此时生态处于不可持续发展状态。生态盈余和生态赤字能够很好地反映出生态系统的供给能力和人类生产活动对生态及资源的需求能力。生态盈余（赤字）可以反映出某一地区的生态是否安全，是否处于可持续状态。

$$ER=EC-EF=N(ec-ef),\ (EC\geqslant EF) \tag{9-5}$$

$$ED=EF-EC=N(ef-ec),\ (EF\geqslant EC) \tag{9-6}$$

其中，ER 为生态盈余；EC 为总的生态承载力（扣除 12%以保留生物多样性）；EF 为总生态足迹；N 为总人口。

生态系统安全性由生态盈余 ER 和生态赤字 ED 共同表示，具体计算结果：若 $ER>0$，即 $EC>EF$，生态承载力大于生态足迹，则表现为生态盈余，表明生态系统是安全的，区域生态表现为强可持续状态；若 $ER=0$，即 $EC=EF$，则表明生态系统处于均衡状态，区域经济发展表现为弱可持续状态；若 $ED>0$，即 $EF>EC$，当生态足迹大于生态承载力，则表现为生态赤字，表明生态系统是不安全的，区域生态表现为不可持续状态。想要改变区域生态不可持续状态，要么增大生态承载力，要么减小生态赤字。

2. 生态压力指数

三江源地区人们生存和发展所需的生态环境提供人类服务越长久，说明地区生态可持续性的能力就越强，生态系统越安全。

生态压力指数的计算公式为：

$$t=ef\div ec \tag{9-7}$$

其中，ec 为净人均生态承载力（扣除 12%以保留生物多样性）；ef 为净人均生态足迹；t 为生态压力指数。计算结果如果为 $t<1$，即 $ef<ec$（生态承载力大于生态足迹），则区域生态处于盈余状态，该区域可以承载人类消费生产的占用，可持续发展能力越强，生态系统越安全；当 $t>1$，即 $ef>ec$（生态足迹大于生态承载力），区域生态环境具有一定压力，该区域不能够承载人类消费生产的占用，区域生态处于不可持续状态，生态系统压力越大。

（四）经济生态系统可持续性

通过测算某一国家或地区的生态足迹需求和生态足迹供给即生态承载力，

并对二者进行比较（生态盈余或赤字与生态压力）可以定量地判断某一国家或地区目前的生态资源承载人类需求的程度，在一定程度上反映了生态环境安全与人类的可持续发展，重点在于面对人类需求的生态系统本身的安全性和持续性。为进一步考察经济发展与自然环境之间的协调、稳定以及生态资源的利用效率，将经济系统和生态系统纳入一个总系统，即经济生态系统来考察。所以，在生态足迹基础上引入经济生态可持续发展相关指标，对三江源地区的经济生态可持续发展能力进行分析。在本研究中，考察三江源地区经济生态系统的可持续性或发展能力采用生态足迹多样性指数（H）、经济生态系统发展能力指数（C）和万元 GDP 生态足迹（W）三项指标。

1. 生态足迹多样性指数（H）

生态足迹多样性指数以不同类型的土地面积来测算经济生态系统多样性指数。如果经济生态系统中生态足迹分配越平等，经济生态系统多样性越高，系统就越稳定、越均衡。在研究三江源及区内各州生态安全与可持续性时使用香农—韦弗指数计算的群落多样性公式，目的是反映该地区消费所需生物生产性土地面积的均衡程度。若计算得出的生态足迹多样性指数越大，表明生态系统中生态足迹越接近均衡，生态系统越稳定；反之则反是。

生态足迹多样性指数公式为：

$$H = -\sum_{j=1}^{6} P_j \times \ln P_j \tag{9-8}$$

其中，H 表示生态足迹多样性指数；P_j 表示 j 类土地的生态足迹在总生态足迹中的占比。

2. 经济生态系统发展能力指数（C）

地区经济和生态系统在相互作用下的协调发展能力，可以用经济生态系统发展能力指数来表示（用 C 代表）。按照 Ulanowicz 的公式计算经济生态系统发展能力指数方法，经济生态系统发展能力指数 C 由生态足迹乘以生态足迹多样性指数 H 得到：

$$C = ef \times H \tag{9-9}$$

其中，C 为经济生态系统发展能力指数；ef 为地区人均生态足迹；H 为生态足迹多样性指数。经济生态系统发展能力指数越高，区域经济和生态系统协调发展能力也越好；反之则反是。以三江源地区 2009—2018 年各州经济生态系统发展能力指数的实际数值为基准，在最大值和最小值之间划分三个级别。分别为 $C<1$，表示低经济生态系统发展能力；$1<C<2$，表示中等经济生态系统发展能力；$C>2$，表示高经济生态系统发展能力。

3. 万元 GDP 生态足迹（W）

万元 GDP 生态足迹直接反映了地区每万元 GDP 所消耗的生态资源，体现了生态资源的利用效率。万元生态足迹需求越大，生态资源的利用效率就越低；反之则生态资源的利用效率越高。以三江源地区 2009—2018 年各州万元 GDP 生态足迹实际数值为基准，在最大值和最小值之间划分三个级别。分别为 $W>1.5$，表示低资源利用效率；$1<W<1.5$，表示中等资源利用效率；$W<1$，表示高资源利用效率。

计算三江源地区及各州的万元 GDP 生态足迹，目的是反映出不同地区的经济发展中利用生态资源的效率，若万元 GDP 生态足迹值越大，则说明生态资源的消耗速度要快于经济增长速度，生态资源的利用效率越低；反之则说明经济增长的速度要快于生态资源的消耗速度，生态资源的利用效率越高。万元 GDP 生态足迹计算简单，用区域生态足迹除以地区当年的 GDP 值即可得。

三江源作为我国重要的生态功能区，国家先后启动了两期三江源生态保护和建设工程。其中，一期工程于 2005 年启动、2013 年完成，二期工程于 2014 年启动、2020 年完成。与一期工程相比，二期工程实施范围有所扩大，将青海省玉树、果洛、海南、黄南 4 个藏族自治州的全部 21 个县和格尔木市属唐古拉山乡镇全部纳入三江源保护区，总面积为 39.5 万 km^2，占全省总面积的 54.6%。本书考察三江源经济与生态可持续发展能力，结合一期工程和二期生态保护和建设工程实施效果，选取三江源地区 2009—2020 年相关数据进行分析。考虑国家关于土地利用现状分类的变更①，研究时期分为两段分别进行对比分析，即2009—2018年和2019—2020年两个时间段，尽可能消除由土地利用统计方法变更引起的计算结果的不可比性。另外，本章考虑生态环境变化的时间性和数据分析的简洁性，从2009年开始，每隔3年选取一年的数据为典型时段来进行分析，2009—2018年的4个典型时段分别为2009年、2012年、2015年和2018年。另外，考虑格尔木市唐古拉山乡镇的特殊情况与数据获得难度，本书在分析三江源地区时未统计该镇数据。因此本章的“三江源”地区实际上和其他章略有区别。

文中利用生态足迹模型所做计算的数据主要来源以下几个方面：①直接来源于相应时期的《青海统计年鉴》《青海省国民经济和社会发展统计公报》，以及三江源相关州和地区的统计年鉴、各州市的国民经济和社会发展统计公报，联合国粮农组织（FAO）的数据资料；②与生态足迹计算相关的一些数据来自青海省人民政府公开文件、各州市人民政府公开文件、各执法部门公开文件、青海省资源厅统计资料；③计算过程中的相关数据在计算过程中根据实际进行汇总、折算或模糊处理，并在文中进行说明。

依据三江源实际情况，生态足迹的计算范围主要涉及六类：①耕地生态足迹，包括各类农产品的生产消费量；②草地生态足迹，包括动物产量，动物肉类产品销售、动物皮毛销售等；③林地生态足迹，包括各类林业、果树种植、森林覆盖等；④水域生态足迹，包括各类水产类物品，如鱼虾销售量；⑤建设用地生态足迹，包括各州市建筑面积、各交通线路铺设占地面积；⑥能源用地生态足迹，包括化石燃料、电力消耗等能源消费。在各类生态足迹实际选择过程中按三江源地区的现实情况及数据的可获得性进行适当取舍。在计算进出口贸易时，由于三江源地区的进出口贸易量较少、统计数据较少等，故不考虑进出口贸易量对生态足迹的影响。各类生态足迹汇总见表9-1。

① 2017年国家颁布新的土地利用现状分类，即用新国标GT/T 21010—2017代替GB/T 21010—2007。在新的土地分类标准下，2019年和2020年三江源的土地利用数据有明显的差异，为了便于比较说明，故将2009—2018年作为一个时期，2019—2020年作为另一个时期来进行考察。

表 9-1　各类型生态足迹汇总①

生态足迹量（*EF*）	各生物产品的类型
耕地（hm^2）	谷物（kg）
	薯类（kg）
	豆类（kg）
	油脂类（kg）
	蔬菜（kg）
草地（hm^2）	猪肉（kg）
	牛肉（kg）
	羊肉（kg）
	禽肉（kg）
	禽蛋（kg）
	牛奶（kg）
水域（hm^2）	鱼类（kg）
能源用地（hm^2）	煤炭（GJ）
	石油（GJ）
	天然气（GJ）
建设用地（hm^2）	电力（GJ）
林地（hm^2）	水果（kg）
	茶叶（kg）

二、三江源区生态系统安全与可持续发展：2009—2018 年

（一）生态足迹、承载力与生态盈余（赤字）

1. 生态足迹

根据《青海统计年鉴》（2009—2020）的数据，用式（9-1）、式（9-2）和式（9-3）对三江源各区域人均占用各种类型的生物生产性土地面积进行计算，得出不同生物资源土地的生态足迹，最后汇总三江源生态足迹，见表9-2。

① 生态足迹计算中，三江源生物产品类型消费量按三江源在青海省生物产品消费量中所占的实际比重进行折算。

表 9-2　三江源地区 4 个典型时段六类土地人均生态足迹　单位：hm^2

土地类型	2009 年	2012 年	2015 年	2018 年
耕地	0. 5966	0. 8135	0. 5224	0. 5182
草地	1. 6894	1. 3673	1. 0785	1. 2363
林地	0. 0111	0. 013	0. 0285	0. 0373
水域	0. 0434	0. 1471	0. 0458	0. 0468
建筑用地	0. 2603	0. 2771	0. 7597	0. 5567
能源用地	2. 0224	2. 5401	2. 0887	2. 4228
总计	4. 6232	5. 1581	4. 5236	4. 8181

根据生态足迹计算结果表 9-2 以及图 9-1 和图 9-2 判断，三江源地区 2009—2018 年六类土地人均总生态足迹经历先上升、再下降，最后趋于小幅增长趋势。

从不同生物生产性土地面积的人均生态足迹看，耕地的人均生态足迹在总生态足迹占比较小，2009—2012 年呈现上升趋势，2012 年后逐渐下降，2015—2018 年保持相对稳定。三江源地区的人类活动对耕地的影响总体上呈下降趋势，说明该地区人均对本地耕地产品的需求量也呈现下降趋势，人与耕地的关系强度在逐步降低。主要是因为三江源耕地面积有限，且土地分布不均匀，受地形地势、气候环境的影响，耕地的生产力无法大幅提升。另一个原因在于生态保护力度逐渐加大，退耕还草还林措施效果显现。实际含义应当是三江源地区人们对土地产品的需求更多的不是来自地区，在很大程度上降低了对三江源地区耕地的需求，进而带来耕地生态足迹的稳中下降。

草地的人均生态足迹在总生态足迹中占比较高，一方面，三江源区草地广袤，面积占到整个源区的 70%以上，另一方面，三江源区常住人口有 80%以上都是世居的藏族牧民，畜牧业是当地赖以生存和发展的支柱产业。长期以来其民族习性、生活习惯和传统文化都与草地形成了紧密的关系，生活习性与饮食习惯离不开以各种肉类、奶制品和皮毛为代表的畜产品，其需求量与消费量自然不会小。2009—2015 年草地的人均生态足迹持续下降，人与草的关系出现良好的变化趋势，2016—2018 年又抬头向上。自三江源生态保护政策实施以来，当地政府通过调整产业结构，构建设施养畜、科学养畜、以草定畜、草畜平衡、协调发展为主的草地生态畜牧业，三江源地区畜牧业得到不断改善与转型，形成生态保护和畜牧业生产的良性循环。养殖业的发展一方面提高了人们的畜牧资源消费水平，提高了草地人均生态足迹，另一方面规模化的养殖提高了草地的整体生产效率，减少了分散生产对于草地生态的破坏，同时减小了草地的人均生态足迹。三江源区生态保护和建设与地区经济社会发展应着重于草地、草原的利用与保护并举。

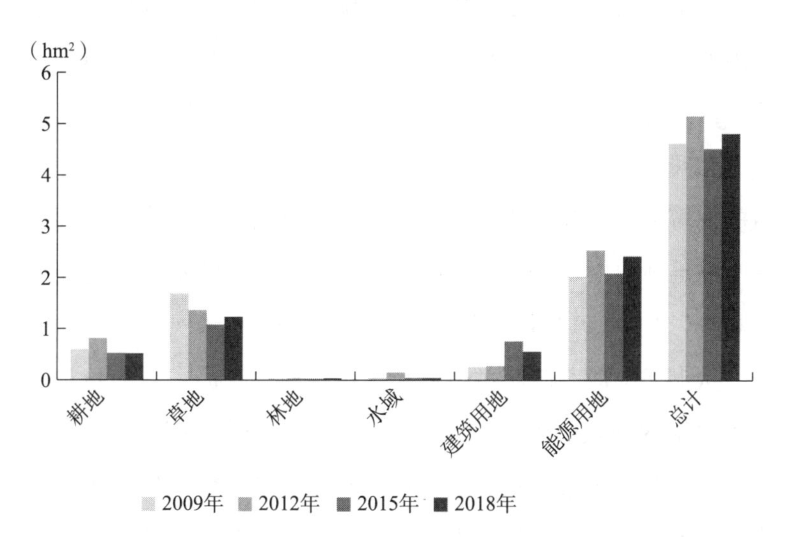

图 9-1　三江源地区 4 个典型时段六类土地人均生态足迹

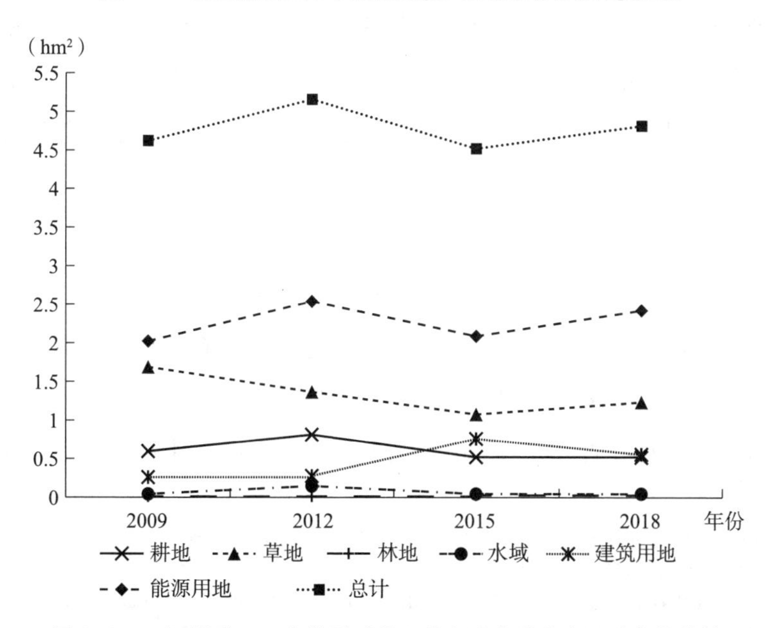

图 9-2　三江源地区 4 个典型时段六类土地人均生态足迹变化趋势

三江源地区林地的人均生态足迹不高，在总生态足迹中占比最小，且在2009—2018年变动较稳定，因为三江源特殊的地理位置以及气候环境等因素，三江源地区林地较少，另由于三江源自然保护区实行严格的全面禁伐政策，所以本地区基本没有木材产品。三江源地区水果、茶叶等的种植量以及产量都较小，但基于近几年乡村振兴战略的实施以及脱贫攻坚等政策背景，三江源各地区因地制宜发展了新型果蔬种植业①。位于三江源地区的黄南州、海南州也在不停探索适应于本地的水果等的种植，这在一定程度上也引起了林地生态足迹的上升。

水域的人均生态足迹总体上也较小，次于耕地，可以说水域也不是目前影响当地生态足迹的主要因素。2009—2012年，三江源水域人均生态足迹虽然呈上升趋势，但在2012年后呈下降趋势，说明当地人类活动与水的关系强度在减小。从水资源消费产品供应分析，三江源水产品主要为鱼类，从前大部分鱼类来自境内河流、湖泊，其余部分靠沿海省份供应，近些年以黄河、长江流域的大中型水电站为基础，进行规模化的冷水鱼养殖，尤其是海南州龙羊峡库区成为全国冷水鱼养殖基地，水产品的供应量大幅提升②。从水资源产品的消费来看，三江源多数为世居藏族牧民，而藏族受生活习俗影响不消费鱼，因此本地市场对于水产品的消耗量不高，大部分以外销为主。由此三江源的水产品供应量远远大于水产品消费量，致使水域人均生态足迹有所下降。

建筑用地生态足迹。整体来看，三江源地区2009—2018年建筑用地的人均生态足迹呈增长趋势，但增速在近几年有所减缓。建筑用地的消费项目由全年用电消费量代表，三江源工业发展相对落后，电能的消费主要来自居民用电量。三江源生态保护下的移民、民生促进等政策，使牧民大大改变了往日用牛粪做燃料的习惯，增加了电量消费，从而提高了建筑用地人均生态足

① 海南州：特色种植拓宽群众增收路［EB/OL］. 中国藏族网通，https：//www. tibet3. com/tuku/xwtp/2022-05-20/275744. html.

② 青海冷水鱼养殖养出富民热产业［EB/OL］. 中国农村网，http：//journal. crnews. net/ncpsczk/2018n/dssq1/cpjg/923216_ 20180509021537. html.

迹。农业机械的使用以及生活能源的使用，是能源用地人均生态足迹变化的主要原因。随着经济的发展和人们生活水平的不断提高，液化石油气和天然气的使用也在增加，使得能源用地生态足迹有所增加。

2. 生态承载力

新版国家土地利用现状分类 GB/T21010—2017 共有 12 类一级指标，对应生态足迹的六类土地，其中不包含化石燃料用地，所以对 2009—2018 年生态足迹的计算，依然加入化石燃料用地进行承载力计算。考虑三江源实际情况，研究中假定地区化石燃料用地为 0，区域消费主要靠外界供给。另外，考虑三江源地区园地较少，除海南和黄南州外，果洛和玉树州园地面积几乎为 0，结合林地含义及提供的资源特性，计算中将园地面积并入林地计算林地生态承载力。三江源地区主要类型土地利用状况见表 9-3。①

表 9-3　三江源地区 4 个典型时段主要土地类型利用状况　　单位：hm^2

土地类型	2009 年	2012 年	2015 年	2018 年
耕地	117821.76	118045.35	118124.60	118772.00
园地	572.69	570.41	554.93	552.06
林地	1435614.10	1435334.33	1435179.72	1434717.06
草地	28169448.99	28163896.29	28156560.08	28147965.21
水域	1442188.72	1442509.56	1442111.79	1441723.85
建筑用地	42625.18	48176.34	55941.82	63864.88
总计	31208271.44	31208532.28	31208472.94	31207595.06

资料来源：青海省自然资源厅。

将三江源各区域人均占用各种类型的生物生产性土地面积代入式（9-4）进行计算，得出该地区 2009—2018 年 4 个典型时段六类土地人均生态承载力（见表 9-4）。

① 水域在土地利用现状分类中全称为水域及水利建设用地，新标准下水域及水利建设用地中的水工建筑用地包含在建设用地中。

表 9-4 三江源地区 4 个典型时段六类土地人均生态承载力 单位：hm^2

土地类型	2009 年	2012 年	2015 年	2018 年
耕地	1.1782	1.0864	1.0587	1.0525
林地	5.3260	4.7441	3.1494	4.5597
草地	8.8163	7.7980	7.4579	7.4413
水域	0.9299	0.8435	0.7470	0.8659
建筑用地	0.8720	0.8381	0.8698	0.8913
能源用地	0	0	0	0
总计	17.1224	15.3101	13.2828	14.8107

根据表 9-4 数据进一步绘制出 2009—2018 年 4 个典型时段三江源地区六类土地人均生态承载力及变化趋势图（见图 9-3、图 9-4）。

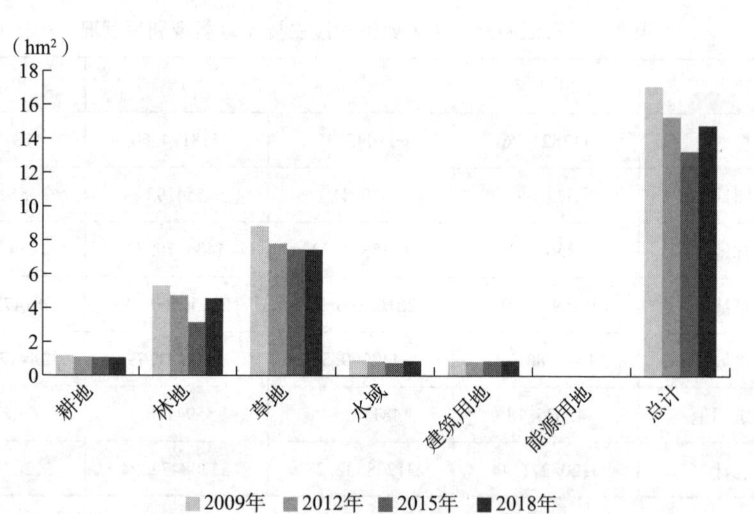

图 9-3 三江源地区 4 个典型时段六类土地人均生态承载力

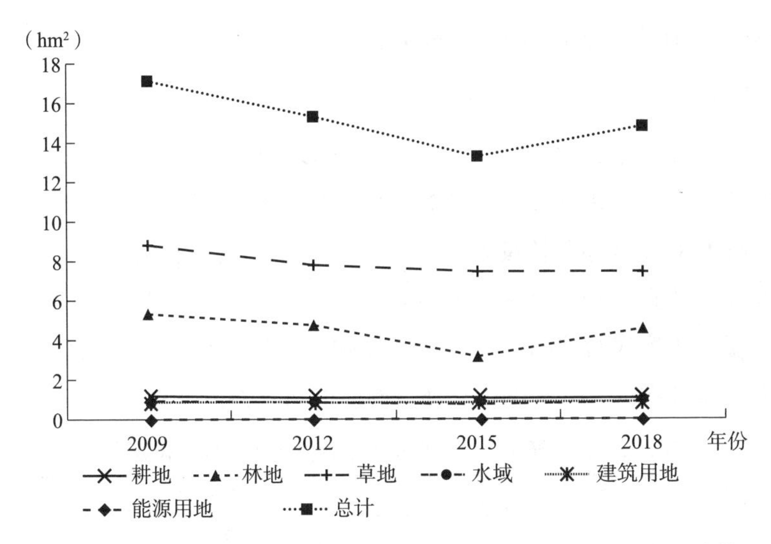

图 9-4　三江源地区 4 个典型时段六类土地人均生态承载力变化趋势

根据表 9-4 数据，2009—2018 年三江源地区 4 个典型时段人均生态承载力整体呈下降趋势，在 2015 年之前三江源生态承载力呈持续下降趋势，2018 年之后生态承载力明显上升，且上升幅度较大。

从不同生物生产性土地的人均生态承载力看，耕地的人均生态承载力比较平稳，保持在 1~1.2hm^2 波动，整体有轻微的下降，但下降的幅度非常小。2009—2018 年耕地面积保持稳定，粮食产量也未发生较大幅度变化，常年只有一季的收成，而且受气候环境影响较大。

草地生态承载力在所有土地中占比最大，在 2009—2015 年呈小幅下降趋势，2016 年后基本趋于稳定。

林地在生态承载力中所占比重也较大，人均生态承载力呈现先下降后增长趋势。三江源地区海南州等地政府支持发展特色生态林业经济，梨子、核桃等产量的增长，使林地保持平稳发展，人均生态承载力稳步提升。

建筑用地、能源用地、水域等人均生态承载力较小，建筑用地生态承载力上升，但上升幅度较小。增加的原因在于建筑用地的面积每年都有所扩大，但扩大幅度较小，表现为人均生态承载力的增速也较小。三江源地区缺乏煤炭、石油和天然气，所以化石燃料土地的生态承载力为零。水域生态承载力在 2009—2015 年轻微下降，2016 年后小幅上升。分析其中原因，在于近几年对三江源生态保护政策力度的加大，使水域生态环境有所改善，以及水生物资源的增加等因素引起水产品产量的上升。

3. 生态盈余（赤字）

利用表 9-2 和表 9-4 计算三江源地区 2009—2018 年 4 个典型时段六类土地人均生态盈余，见表 9-5。三江源总体人均生态承载力大于生态足迹，生态系统处于相对安全和可持续发展状态，但是整体波动较大。2009—2014 年生态盈余下降明显，2015 年后生态盈余又开始上升（见图 9-5）。三江源生态盈余应得益于国家实行严格的源区生态保护措施以及区域大力发展生态畜牧业，推广清洁能源，三江源的生态环境逐渐得到改善。

表 9-5　三江源地区 4 个典型时段六类土地人均生态盈余　单位：hm^2

土地类型	2009 年	2012 年	2015 年	2018 年
耕地	0.5816	0.2729	0.5363	0.5343
草地	8.8052	7.785	7.4294	7.404
林地	3.6366	3.3768	2.0709	3.3234
水域	0.8865	0.6964	0.7012	0.8191
建筑用地	0.6117	0.561	0.1081	0.3346
能源用地	-2.0224	-2.5401	-2.0887	-2.4228
总计	12.4992	10.1520	8.7572	9.9926

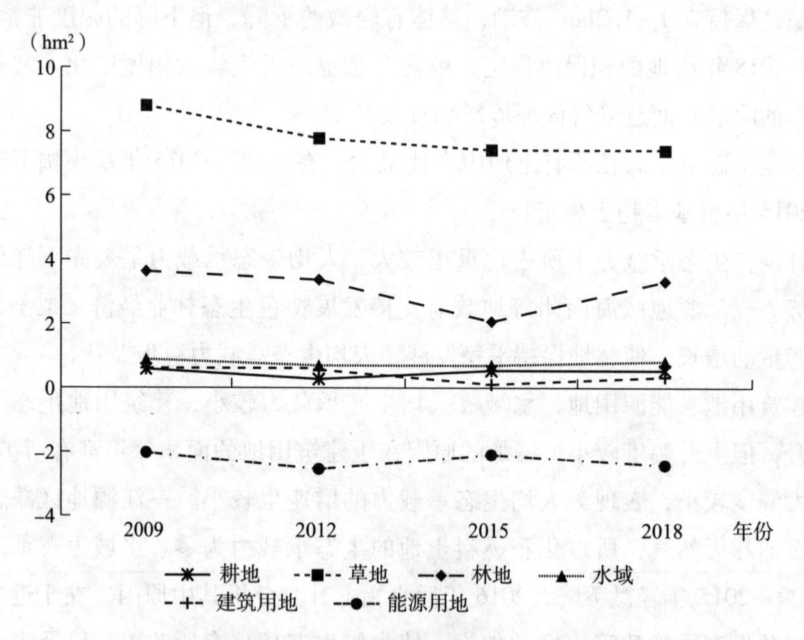

图 9-5　三江源地区 4 个典型时段六类土地人均生态盈余变化趋势

受地形地势的影响，三江源有限的耕地主要集中在黄南州和海南州部分地区。随着经济的发展，耕地的单位产出虽有所上升，但区域内需求也在不断增加，耕地的生态盈余量有轻微的下降趋势。从耕地的承载力层面来说，加强农业科技投入，提高闲置耕地的利用效率和有限耕地的单产效率，同时加强耕地的保护也是三江源地区应该特别注意的地方。

草地生态盈余量最高，但近几年出现波动，有微弱下降趋势。反映到实际，三江源草地依然存在退化、沙化现象。三江源草地非常脆弱，不当的人为影响和不合理利用是草地退化的主要原因，同时气候变化等自然因素也加速了草地退化。[①] 未来三江源地区生态保护和建设力度不能放松，仍然要加大对草地资源的保护和修复，提高草地的自我恢复能力。

三江源林地资源生态盈余量在2014年之前呈下降趋势，2015年后盈余量有较大幅度提升。这得益于三江源区林地实施的严格保护措施，从生态承载力看提高了三江源林地生态盈余量。随着经济的不断发展，三江源地区能源用地（化石燃料资源）的需求不断增加，由于当地缺乏化石燃料资源，消费几乎靠外界补充，因此，化石燃料土地处在赤字状态也容易理解。水域生态盈余有轻微波动，但整体处于稳定状态。建筑用地生态盈余波动幅度较小，基本处于稳定状态。

（二）经济生态系统可持续发展

用式（9-7）、式（9-8）和式（9-9）得到三江源地区2009—2018年四期的生态压力指数、生态足迹多样性指数、经济生态系统发展能力指数，计算结果及万元GDP生态足迹数值见表9-6。

表9-6　2009—2018年四期三江源地区经济生态系统可持续发展指标

指标	2009年	2012年	2015年	2018年
生态压力指数	0.2700	0.3369	0.3406	0.3253
生态足迹多样性指数（H）	0.9913	1.2268	1.2198	1.1765
经济生态系统发展能力指数（C）	1.1499	1.5891	1.4151	1.4003
万元GDP生态足迹（W）（hm^2/万元）	1.1499	0.8106	0.5045	0.5563

① 国家林业和草原局，国家公园管理局．退化高寒草地诊断、恢复与评价：以三江源为例[EB/OL]. http://www.forestry.gov.cn/cys/4/20200912/121557514565075.html.

生态压力指数是生态足迹除以生态承载力的比值，反映了区域生态环境承载人类消费性生产占用相对能力，其数值越大（超过1），说明区域生态环境承载压力过大，生态越容易处于不可持续状态。生态足迹多样性指数直接反映地区生态足迹的结构特征，生态足迹多样性指数越高，生态足迹越趋于公平合理分配，生物资源丰裕度越高，对生态经济发展越好。从表 9-6可以看出，2009—2015 年，三江源地区生态压力指数先经历了一个上升阶段，从 2016 年后开始逐渐降低。三江源地区生态足迹多样性指数也是先经历了一个上升阶段，从 2015 年后又逐渐降低。2009—2018 年生态足迹结构不断趋于稳定，生态资源系统的多样性在不断丰富，经济生态系统呈良好发展态势。

随着经济的不断发展，以及对资源的不断消耗，在注重经济和生态可持续性发展的基础上，区域生态与经济系统相互协调、相互促进的程度更能反映一个地区的综合发展水平。2009—2012 年经济生态系统发展能力指数上升，2015 年后三江源区经济生态可持续发展能力指数不断下降。按经济生态系统能力的划分，三江源经济生态可持续发展能力较好，处于中等经济生态系统发展能力区。

总体来看，三江源区域经济生态系统发展能力指数呈现轻微下降趋势。从 2009 年的 1.1499hm^2 上升到 2012 年的 1.5891hm^2，最后下降为 2018 年的 1.4003hm^2，但整体的波动幅度不大。三江源地区经济生态发展能力的下降，一部分是由生态足迹引起，一部分是由后期的生物多样性指数引起。2009—2018 年万元 GDP 生态足迹由 1.1499hm^2/万元下降为 0.5563hm^2/万元，下降幅度明显。万元 GDP 生态足迹持续下降，反映出地区每万元 GDP 占用的生态资源在减少，资源的利用效率在提高，人类对自然生态环境的影响力在下降，经济的发展不似从前以生态为代价，而是更多地探索出了属于自己的经济发展模式。这种新的发展模式改变了以前粗放的发展方式，使得资源的利用效率得到改善。提高资源利用效率是减小生态赤字的有效手段，因此三江源地区要依靠提高资源的利用率，减少发展对生态环境的压力，这是经济生态可持续发展的一个重要方面。

（三）生态安全与可持续发展空间格局

1. 生态足迹与生态承载力

表 9-7　三江源各地区 4 个典型时段人均生态足迹　　单位：hm^2

地区	2009 年	2012 年	2015 年	2018 年
玉树州	0.9549	1.3988	0.7159	1.1500
果洛州	1.6599	1.9086	0.8258	1.0246
黄南州	1.0503	1.0834	1.1732	1.3570
海南州	0.9070	0.7676	1.8090	1.2767
平均值	1.1430	1.2896	1.1310	1.2021

三江源地区整体生态足迹呈先上升、后下降，最后趋于小幅稳增趋势（见表 9-7、图 9-6、图 9-7）。具体来看，2009 年至 2012 年处于持续上升趋势，且个别州上升幅度较大，这一时期处于三江源生态保护和建设一期工程执行后期阶段；2012—2015 年三江源生态足迹处于下降阶段，三江源生态保护和建设工程初见成效；2015 年之后三江源整体生态足迹基本处于稳定趋势，且同期三江源保护和建设二期工程拉开序幕，这意味着对于三江源的生态保护不能只是短期发力，阶段性的持续发力才能从根本上保护三江源生态。基于三江源生态保护的重要性，2020 年启动的三江源国家公园建设等措施持续为今后三江源生态系统保驾护航。

分地区来看，玉树州以及果洛州在初期生态足迹持续上升，且上升幅度较大，因为该地区基本是纯畜牧业区，牧草地的生态足迹持续上升，引起整体生态足迹上升以及生态承载力下降。基于这一现实情况，该地区积极推进草原生态奖补机制、牧区移民等一系列政策，使得生态保护成效显著，生态足迹明显下降。三江源的生态保护不仅要从整体发力，制定相关长期政策措施，同时还要针对不同地区，制定适宜的短期性阶段政策，靶向治疗地区性的生态问题，做到抓大的同时也要抓小。

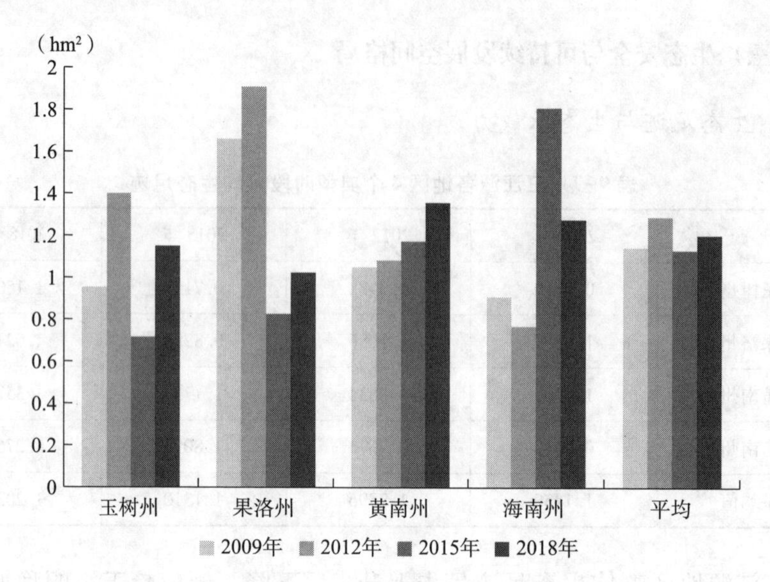

图 9-6　三江源地区 4 个典型时段各州人均生态足迹

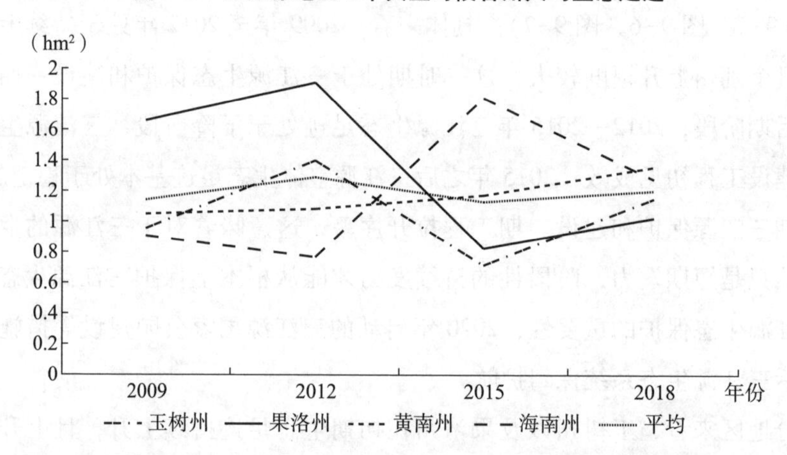

图 9-7　三江源地区 4 个典型时段各州人均生态足迹变化趋势

表 9-8　三江源地区 4 个典型时段各州人均生态承载力　　单位：hm^2

地区	2009 年	2012 年	2015 年	2018 年
玉树州	6.2558	5.7151	4.1605	5.4068
果洛州	5.2570	4.4379	4.3204	4.3230
黄南州	1.6471	1.5077	1.4652	1.4618
海南州	2.1612	2.0564	3.7481	2.0941
平均值	3.8303	3.4293	3.4236	3.3214

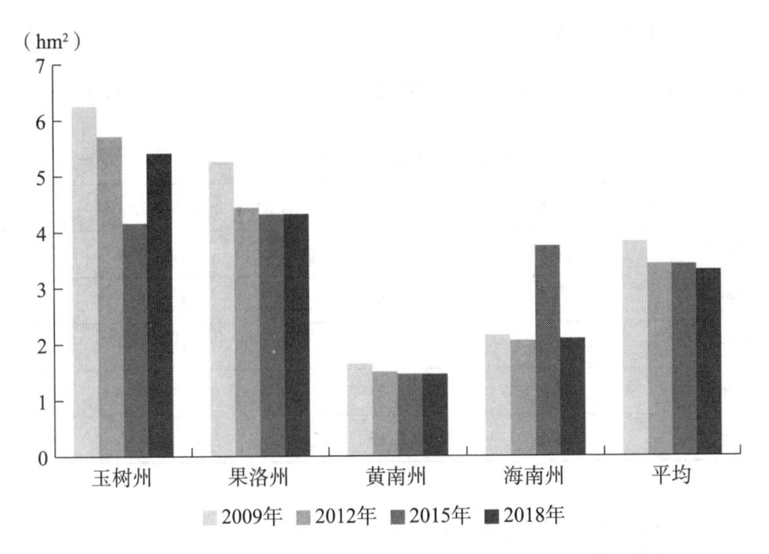

图 9-8　2009—2018 年三江源各地区人均生态承载力变化

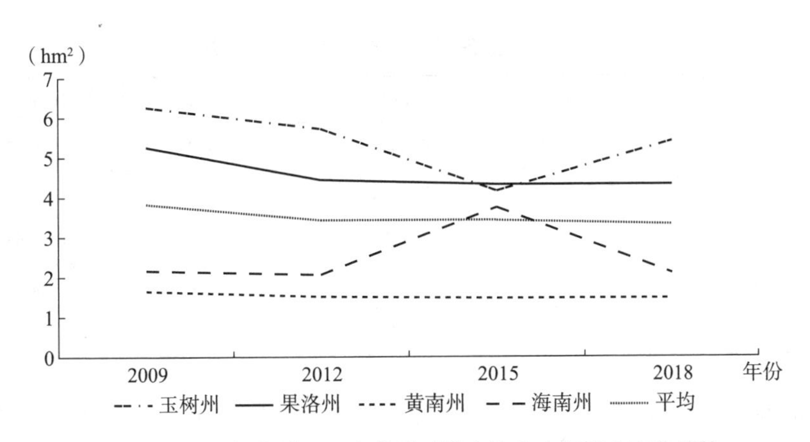

图 9-9　三江源各地区 4 个典型时段人均生态承载力变化趋势

三江源生态承载力整体基本趋于稳定，但部分地区生态承载力的变动趋势较大，在 2015 年之前玉树州生态承载力处于持续下降趋势，2015 年之后生态承载力明显上升，且上升幅度较大（见表 9-8、图 9-8、图 9-9）。这表明各地区在生态文明理念的指导下制定的适应于本地区的生态保护措施取得了一定的成效。

2. 生态盈余与生态赤字

2009—2018 年三江源 4 个典型时段各州生态盈余与生态赤字见表 9-9。

表 9-9　三江源地区 4 个典型时段各州生态盈余与生态赤字　单位：hm^2

地区	2009 年	2012 年	2015 年	2018 年
玉树州	5. 3009	4. 3163	3. 4446	4. 2568
果洛州	3. 5971	2. 5293	3. 4946	3. 2984
黄南州	0. 5968	0. 4243	0. 2920	0. 1048
海南州	1. 2542	1. 2888	1. 9391	0. 8174
三江源	2. 6873	2. 1397	2. 2926	2. 1194

3. 三江源各州生态压力与压力区划分

2009—2018 年三江源地区 4 个典型时段各州生态压力指数见表 9-10。

表 9-10　三江源各州 4 个典型时段生态压力指数

地区	2009 年	2012 年	2015 年	2018 年
玉树州	0. 1526	0. 2448	0. 1721	0. 2127
果洛州	0. 3158	0. 4301	0. 1911	0. 2370
黄南州	0. 6377	0. 7186	0. 8007	0. 9283
海南州	0. 4197	0. 3733	0. 4826	0. 6097
三江源	0. 2984	0. 3761	0. 3304	0. 3619

借鉴熊传合等[①]在对新疆生态经济分析中运用生态压力指数和生态盈余/生态赤字划分生态压力区的方法，突出了三江源地区各州的经济生态可持续发展水平的空间发展格局，同时又从时间上很好地展现出了 2009—2018 年三江源地区经济生态可持续发展的演进过程。在生态压力值和生态盈余量的基础上，进行生态区的划分[②]，将生态压力指数 $t<0.3$，生态盈赤 $ER>4$，定为

① 熊传合，杨德刚，等．新疆经济生态系统可持续发展空间格局［J］．生态学报，2015，35（10）：3428-3436.

② 对于生态区的划分，考虑到三江源生态均为生态盈余，因此将三江源生态区界定为生态安全区，以生态盈余量和生态压力指数为基准，将三江源生态安全区划分为低生态安全区、中生态安全区、高生态安全区。

高生态安全区；生态压力指数 0.3<t<0.6，生态盈赤 2<ER<4，定为中生态安全区；生态压力指数 t>0.6，生态盈余 ER<2，定为低生态安全区。得出各州市的生态安全区划分（见表 9-11）。

表 9-11　三江源地区 4 个典型时段各州生态安全区划分

地区	2009 年	2012 年	2015 年	2018 年
玉树州	高生态安全区	高生态安全区	中生态安全区	高生态安全区
果洛州	中生态安全区	中生态安全区	中生态安全区	中生态安全区
黄南州	低生态安全区	低生态安全区	低生态安全区	低生态安全区
海南州	低生态安全区	低生态安全区	中生态安全区	中生态安全区

进一步借助 ArcGIS10.2 趋势分析工具，将表 9-10 生态安全区数值插入青海省三江源地区各州，揭示三江源区内各州尺度下生态安全空间格局及变动趋势，见图 9-10。

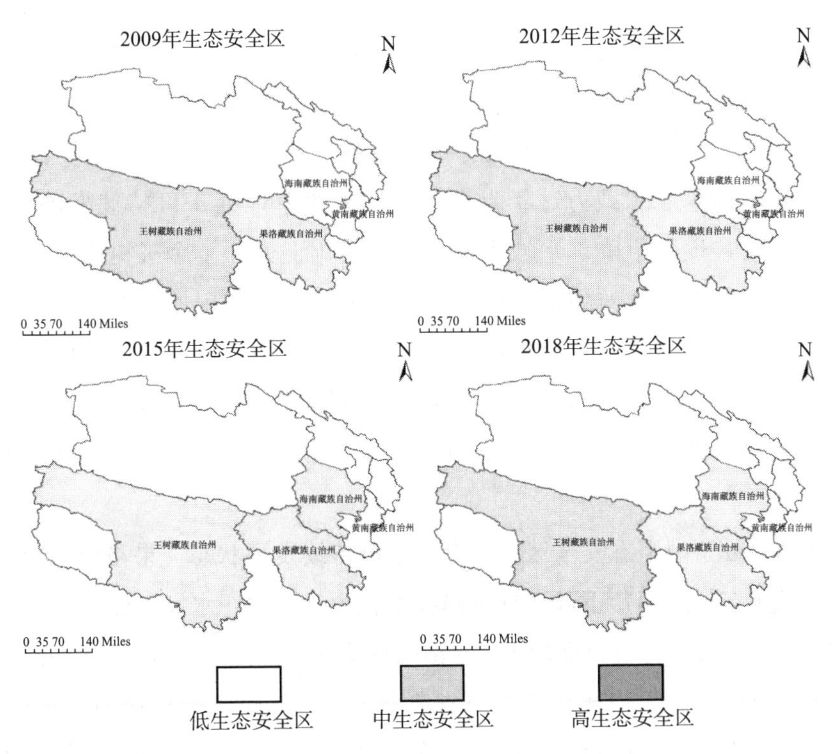

图 9-10　三江源各州 4 个典型时段生态安全区划分及动态变化

运用生态足迹模型和生态安全区分区标准，评估了三江源地区 2009—2018 年生态可持续发展能力，并绘制出如图 9-10 所示的生态安全区图。三江源各地区均为生态盈余，从图 9-10 中可以看出，三江源大部分地区处于中高生态安全区，小部分为低生态安全区，整体生态环境处于稳定、可持续状态。2009—2018 年，三江源地区生态足迹上下波动，但整体生态足迹趋于轻微上升，经济生态可持续性较稳定。

从三江源区内各州生态安全空间格局及变动趋势图来看，区域间差异较大，生态安全有逐步改善趋势。随着时间的推移，三江源地区各州 4 个典型时段低生态安全区由两个发展为一个，中高生态安全区增多。玉树州、果洛州均处于中高生态安全区，且盈余容量在逐年增大；海南州由低生态安全区发展为中生态安全区，黄南州一直处于低生态安全区，但生态可持续发展能力在逐年增强。

分地区来看，玉树州处于高生态安全区。从不同生物生产性土地面积分析玉树州生态足迹与生态承载力。玉树州耕地的人均生态足迹先上升后下降，耕地人均生态承载力逐年下降；林地生态足迹下降，林地生态承载力逐年上升，表现为林地生态处于可持续发展状态；牧草地生态足迹逐年下降，牧草地生态承载力逐年上升，表现为牧草地处于可持续发展状态；水域生态足迹逐年下降，水域生态承载力逐年上升，整个玉树州水域处于可持续发展状态。建筑用地生态足迹逐年上升，建筑用地生态承载力逐年上升。玉树州的林地、牧草地和水域生态处于可持续发展状态，但耕地和建筑用地由于生态足迹的增大，处于弱可持续状态，主要是由于震后玉树的快速发展以及人口的增长，导致人们对食物的需求以及建筑用地需求剧增。

果洛州处于中生态安全区，生态处于可持续发展状态。果洛州耕地、林地、水域生态足迹逐年下降，且下降幅度较大，林地、水域、建筑用地生态承载力逐年上升，上升幅度较小。果洛州牧草地生态足迹近几年呈上升趋势，但上升幅度较小。果洛州作为青海省典型的牧区，对于牧草地的需求较大，对牧草地生态的破坏也较大，直接导致了牧草地的生态足迹增大；耕地生态承载力有所下降，主要是由于果洛州耕地面积有限，耕地占地面积在行政区面积中所占比重小，且土地分布不均匀，再加上受地势影响等，近几年生态承载力有所下降。未来果洛州的生态保护主要管控人类对牧草地的破坏与开发，以降低果洛州牧草地生态足迹，同时要加强对稀缺耕地的涵养，以提高耕地的生态承载力，进而让果洛州生态处于良性可持续状态。

黄南州相较于玉树州、果洛州地理位置具有一定的优势，同时也具有一定的经济优势，但经济优势也给黄南州带来了较大的生态压力。从图 9-10 中可以看出，黄南州处于低生态安全区，生态环境具有一定的压力，处于弱可持续发展状态。黄南州耕地生态足迹从 2012 年后一直处于上升趋势，建筑用地生态足迹也处于上升趋势，林地、草地的生态承载力有轻微下降。随着黄南州人口的不断增长，以及经济的快速发展，生态环境受到一定的破坏，部分经济增长是以生态环境为代价的。因此黄南州在发展经济的同时不能忘兼顾生态环境，或者用一定的经济量来反哺生态。未来的发展要减少对于牧草地、林地的过度使用，同时也要提高耕地与建筑用地的利用效率，从而改善黄南州低生态安全区这一现状。

海南州在三江源的四州中属于人口最多、经济最发达、发展潜力最大的州，但同时也是生态压力最大的州。海南州的耕地、草地、林地、建筑用地生态足迹在近几年都有增长，且增长幅度较大。用相对较少的土地面积去承载更多的人类消费及生产，导致了各生物生产性土地面积的承载能力下降，同时耕地、草地、林地、建筑用地的生态承载力均有所下降。海南州由最初的低生态安全区发展为中生态安全区，可持续性有所增强。在三江源生态保护和建设行动中要重点关注经济较发达的海南州，提高海南州生态可持续发展能力，对提高三江源整体的生态可持续性的作用可能会更大。

4. 经济生态可持续性

运用式（9-2）、式（9-8）和式（9-9），计算出三江源地区各州经济生态系统发展能力指数（见表 9-12）。万元 GDP 生态足迹见表 9-13。以 2012 年、2018 年经济生态系统发展能力指数和万元 GDP 生态足迹指数为标准，将三江源地区各州进行经济生态系统分区（见表 9-14）。

表 9-12　2009—2018 年三江源各州经济生态系统发展能力指数

地区	2009 年	2012 年	2015 年	2018 年
玉树州	0.7897	1.7163	0.8904	0.9310
果洛州	1.7960	2.4146	0.8952	1.6585
黄南州	1.0942	1.2745	1.3675	1.7508
海南州	0.9199	0.9509	2.5073	1.2610
三江源地区	1.1499	1.5891	1.4151	1.4003

表 9-13　2009—2018 年三江源各州万元 GDP 生态足迹　　单位：hm^2/万元

地区	2009 年	2012 年	2015 年	2018 年
玉树州	1.3389	1.162	0.49	0.891
果洛州	1.8326	1.2324	0.4719	0.523
黄南州	0.7475	0.5044	0.4492	0.4304
海南州	0.6804	0.3435	0.6068	0.3806
三江源地区	1.14985	0.810575	0.504475	0.55625

表 9-14　2009—2018 年三江源各州经济生态系统分区

地区	2009 年	2012 年	2015 年	2018 年
玉树州	低—中	中—中	低—高	低—高
果洛州	中—低	高—高	低—高	中—高
黄南州	中—高	中—高	中—高	中—高
海南州	低—高	低—高	高—高	中—高

从空间格局看，随时间的推移，三江源地区经济生态系统发展能力和资源利用效率的区域空间差距较大。2009 年三江源地区的四州中，玉树州处于低经济生态系统发展能力和中等资源利用效率区，表明玉树州的经济与生态系统的协调发展程度较低，可持续发展能力较弱；果洛州处于中等经济生态系统发展能力和低资源利用效率区，对资源的利用效率较大，经济发展较多是以生态环境为代价；黄南州处于中等经济生态系统发展能力和高资源利用效率区，整体可持续发展能力中等，具有较好的资源利用效率；海南州处于低经济生态系统发展能力和高资源利用效率区。从 2009 年总体情况来看三江

源系统平均生态经济指数综合值较低，说明该区域生态经济协调态势还有待进一步提升，除果洛州外整体资源利用效率较好，经济的发展对于资源的消耗程度较低。

2012 年三江源地区的四州中，玉树州处于中等经济生态系统发展能力和中等资源利用效率；果洛州处于高经济生态系统发展能力与高资源利用效率区；黄南州处于中经济生态系统发展能力和高资源利用效率区；海南州处于低经济生态系统发展能力和高资源利用效率区。玉树州、果洛州、黄南州的经济生态系统发展能力和资源利用效率得到了很大的提升与改善，在该年份海南州经济生态可持续发展能力没有较为明显的改善，但整体生态经济系统向好的方向发展。

2015 年三江源地区的四州中，玉树州处于低经济生态系统发展能力和高资源利用效率区；果洛州处于低经济生态系统发展能力和高资源利用效率区；黄南州处于中经济生态系统发展能力和高资源利用效率区；海南州处于高经济生态系统发展能力和高资源利用效率区。该年份经济生态可持续发展能力有一定恶化趋势，玉树州、果洛州属于低经济生态可持续发展，但整体资源利用效率较好。

2018 年三江源地区的四州中，玉树州处于低经济生态系统发展能力和高资源利用效率区；果洛州处于中经济生态系统发展能力和高资源利用效率区；黄南州处于中经济生态系统发展能力和高资源利用效率区；海南州处于中经济生态系统发展能力和高资源利用效率区。相较于前几年，三江源地区整体的经济生态可持续发展能力有较大提升，除玉树州外均处于中等经济生态可持续发展能力区；三江源整体资源利用效率得到了很大提升，均为高资源利用区，说明三江源地区的经济发展对生态环境的影响在逐渐降低。

三、三江源区生态系统安全与可持续发展：2019—2020 年

2017 年颁布国家标准《土地利用现状分类》，[①] 该标准采用土地综合分类

① 来源于青海省资源厅：中华人民共和国国家标准 GT/T 21010—2017 代替 GB/T 21010—2007——土地利用现状分类。

方法，确定二级分类体系，共包含12个一级类，73个二级类。新版土地利用分类强调生态用地保护需求、明确新兴产业用地类型、兼顾监管部门管理需求。与之前相比，总体框架和一级类保持不变，二级类增加为73类，并在2019年后的土地调查中全面应用。2019年后三江源土地利用分类数据与之前比较有明显的差别，比如玉树州和果洛州的耕地和草地面积大幅度缩小，而建筑用地则相反。整个三江源地区同样的六类土地其面积总和比2009—2018年显著减小，这显然不是土地利用发生的显著变化，而仅仅是统计方法的变更所导致的，如果继续用这些土地面积的数据与2009—2018年进行直接比较显然不再合适。所以，这也是分两段时期单独探讨2019年和2020年土地利用状况的原因。因为时间较短，两年期间土地利用一般不会有较大的变动，利用生态足迹模型的效果可能不明显，但是利用2019年和2020年两年的数据也可以从总体上大致判断三江源地区可持续发展的变化趋势。所以，本节内容仅对三江源区2019年和2020年两年的生态系统安全与可持续发展大致趋势进行分析，其趋势应该与2009—2018年有一定的延续性。2019年和2020年三江源地区主要类型土地利用面积见表9-15。

表9-15　2019—2020年三江源区主要类型土地利用状况

单位：hm^2

土地类型	2019年	2020年
耕地	137209.67	137041.30
园地	3329.06	3313.51
林地	2781876.39	2781652.23
草地	14767103.26	14881253.31
水域	1310140.66	1310209.41
建筑用地	89497.90	90242.31
总计	19089156.94	19203712.07

资料来源：青海省自然资源厅。

（一）经济生态可持续发展

利用生态足迹模型，对三江源2019—2020年连续两年的生态足迹、生态承载力、生态赤字、生态足迹多样性指数、经济生态系统发展能力指数和万元GDP生态足迹等指标进行计算，结果见表9-16。

表 9-16　2019—2020 年三江源生态足迹各类指标值

指标	2019 年	2020 年
生态足迹（hm^2）	4.2941	4.1915
生态承载力（hm^2）	14.8450	14.9286
生态盈余/赤字（hm^2）	10.5509	10.7371
生态压力指数	0.4070	0.3904
生态足迹多样性指数	1.1987	1.1439
经济生态系统发展能力指数	1.2868	1.1987
万元 GDP 生态足迹（hm^2/万元）	0.4481	0.3977

2019—2020 年，三江源地区生态足迹继续下降，生态承载力保持增长，整体生态承载力依然大于生态足迹。三江源地区生态足迹多样性指数有所减少，生态足迹结构不断趋于均衡，生态系统资源的多样性也在不断丰富，经济生态系统呈良好发展趋势。三江源区经济生态可持续发展能力指数轻微下降。按经济生态系统能力的划分，三江源经济生态可持续发展能力较好，处于中等经济生态系统发展能力区。2019—2020 年三江源地区每万元 GDP 占用的生态资源在减少，其间，万元 GDP 生态足迹由 0.4481hm^2/万元下降为 0.3977hm^2/万元，地区生态资源的利用效率提高明显。短短两年的数据表明，三江源生态保护和建设二期工程末期取得的效果愈加显著，生态系统和经济系统延续良性协调方向，生态与经济可持续性继续向好。

（二）生态安全与可持续发展空间格局

利用生态足迹模型进一步对三江源区内各州 2019—2020 年的各有关指标进行计算，结果见表 9-17、表 9-18、表 9-19。

表 9-17　2019—2020 年三江源人均生态足迹、生态承载力和生态盈余　单位：hm^2

地区	生态足迹		生态承载力		生态盈余/亏损	
	2019 年	2020 年	2019 年	2020 年	2019 年	2020 年
玉树州	0.9826	0.9618	3.6401	3.6414	2.6575	2.6796
果洛州	1.0119	0.9953	6.5383	6.4216	5.5264	5.4263
黄南州	1.2871	1.2133	2.2234	2.2515	0.9363	1.0382

续表

地区	生态足迹		生态承载力		生态盈余/亏损	
	2019 年	2020 年	2019 年	2020 年	2019 年	2020 年
海南州	1.0125	1.0211	2.443	2.6139	1.4305	1.5928
平均	1.0735	1.0479	3.7112	3.7321	2.6377	2.6842

2019—2020 年，黄南州、海南州生态足迹相对较高，果洛州、玉树州相对较低。在三江源四州中，玉树州、果洛州和黄南州生态足迹继续保持下降水平，海南州略微上升；玉树州、海南州和黄南州生态承载力保持上升，果洛州有轻微下降；三江源四州都保持生态盈余状态，除果洛州生态盈余略减外，其他州都处于增长状态。利用生态足迹与生态承载力相对强弱进一步判断三江源各州生态压力指数，结果见表 9-18。

表 9-18　三江源生态压力指数

地区	2019 年	2020 年
玉树州	0.2699	0.2641
果洛州	0.1548	0.1550
黄南州	0.5789	0.5389
海南州	0.4144	0.3906
三江源	0.3545	0.3372

2019—2020 年，三江源四州中，黄南州和海南州生态压力指数相对较高，玉树州和果洛州相对较小。各州中，除果洛州生态压力有所上升外，其他三州都有所下降，三江源地区总体生态压力指数在减小。

表 9-19　2019—2020 年三江源地区各州生态安全区划分

地区	2019 年	2020 年
玉树州	中生态安全区	中生态安全区
果洛州	高生态安全区	高生态安全区
黄南州	低生态安全区	低生态安全区
海南州	低生态安全区	低生态安全区

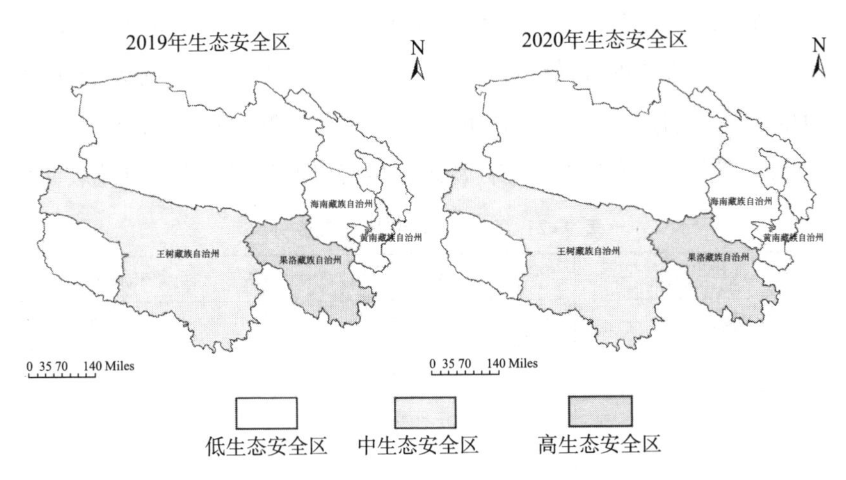

图 9-11　2019—2020 年三江源各州生态安全区划分及动态变化

从三江源各州生态安全区空间格局来看，区域间差异缩小，生态盈余区有逐渐增大趋势。2019 年三江源有两个中高生态安全区、两个低生态安全区，其中玉树州、果洛州处于中高生态安全区，黄南州、海南州处于低生态安全区。2020 年玉树州、果洛州仍处于中高生态安全区，黄南州、海南州处于低生态安全区（见图 9-11）。

从 2019—2020 年各州生态压力指数及生态盈余量变化趋势看，整体生态安全有所上升，但由于黄南州、海南州经济较为发达、人口较多，且在三江源地区所占面积较小，生态压力较大，生态处于弱可持续状态。

利用经济生态系统可持续发展相关指标计算 2019 年和 2020 年三江源及各州经济生态系统发展能力指数、万元 GDP 生态足迹，结果见表 9-20。

表 9-20　经济生态系统发展能力指数、万元 GDP 生态足迹

地区	经济生态系统发展能力指数		万元 GDP 生态足迹（hm^2）	
	2019 年	2020 年	2019 年	2020 年
玉树州	1.1077	1.1343	0.694	0.6029
果洛州	1.2199	1.0440	0.4639	0.3926
黄南州	1.5051	1.3936	0.3573	0.3621
海南州	1.3087	1.2240	0.2771	0.2332
三江源	1.2868	1.1987	0.4481	0.3977

三江源地区经济生态系统发展能力指数由 2019 年的 1.2868 下降到 2020 年的 1.1987，但整体的波动幅度不太大。三江源地区经济生态发展能力一部分是由生态足迹引起的，一部分由生物多样性指数引起。从这两年的万元 GDP 生态足迹数据及变化看，三江源地区生态资源利用效率提升比较明显。

表 9-21　三江源经济生态系统分区

地区	2019 年	2020 年
玉树州	中—高	中—高
果洛州	中—高	中—高
黄南州	中—高	中—中
海南州	中—高	中—中

2019 年三江源地区玉树州、果洛州、黄南州、海南州均处于中等经济生态系统发展能力和高资源利用效率区，三江源不同地区经济生态系统发展能力和资源利用效率区域差距缩小。

2020 年三江源地区玉树州、果洛州处于中等经济生态系统发展能力和高资源利用效率区，黄南州、海南州处于中等经济生态系统发展能力和中等资源利用效率区，相较于 2019 年资源利用效率有所下降，黄南州和海南州的经济发展对于生态系统的影响有所增强（见表 9-21）。

第十章

基于线性规划模型的三江源地区生态资源结构优化

本章以青海省三江源区规划区的生态系统服务价值最优化为目标，通过建立线性规划模型，求解得到生态系统价值（分别求解直接使用价值、间接使用价值及总价值）最大化的目标下三江源区各类型生态性土地面积的规划数值，从理论上计算分析三江源各类生态资源（生态性土地面积）最优结构。结合三江源生态保护区生态系统特点以及保护工程规划实施具体情况，依据线性规划结果，探讨保护区推动各类生态资源价值最大化的可行的改进措施和重点方向。

尝试通过线性规划模型进行生态资源结构优化分析以及从价值最大化角度探讨提高三江源区生态产品的优质和可持续供给是本章的主要目的。

一、规划目标

1947 年丹捷格创立了线性规划模型，这种模型自建立以来，就引起了人们的高度重视，应用广泛，很多学者专家将它应用于管理控制的定量分析研究中，取得了良好的效果。线性规划（Linear Programming，LP）就是解决满足目标要求（目标函数最优），同时又在一系列资源约束和特定约束条件下的稀缺资源最优投入问题，以实现最少投入获得最大回报的目标。同样具有稀缺性的生态环境资源，探讨其最佳或满意的数量和比例时，可以尝试通过线性规划模型来实现生态资源的最大（最佳）化服务，满足人们对这些资源需求的同时更加意识到这种特殊资源的稀缺性和珍贵性，进而做到最大程度的保护和利用。

线性规划是在有限资源条件下如何实现目标最优化的决策，所以基本思路遵循价值最大化。在维持三江源区现有生态资源条件下，基于三江源区生态资源服务价值最大化，如何促进生态资源（生态系统）结构优化，通过生态资源结构优化来体现其生态可持续服务能力是本章规划的目的。所以规划以生态资源生态价值最大化为目标，在一系列假设前提和约束条件下，理论上如何配置各类生态类型的土地，即通过生态性土地资源（各类型生态系统占用土地面积）结构优化发挥其最大生态效益。

其实际意义是在可能的条件下确定三江源生态资源的重点保护和调整方向，从而使得相关保护措施所产生的效果最佳，其影响也可以辐射到更为广泛的区域，使得相关生态保护和建设决策与措施有理论依据。

二、模型构建

（一）生态资源与模型变量

1. 资源类型（生态性资源土地）

三江源生态保护区规划区总面积达 3950 万 hm^2，源区内有草地、林地、河湖、沼泽、冰川雪山、荒漠等多种生态系统，这些生态系统又可细分为许多不同的生态系统子类，这些丰富的生态系统对维持三江源区的整个区域生态功能稳定及持续生态产品供给发挥着重要作用。

根据青海三江源生态保护和建设二期工程规划数据，源区内有各种宜林地 117.45 万 hm^2，适合实施人工造林。宜林地是指适合于种植林木但由于各种原因目前未有效得到利用的荒山荒地，如采伐迹地、山谷阴坡、农田河流周边等。宜林地如果实施人工造林并且最终能转变成适宜的林地，那么这些宜林未用的闲置土地资源就可以充分利用起来，对提高三江源保护区森林覆盖率进而增强林地的生态价值有重要意义。荒漠地主要是指三江源区退化的草地以及裸露的沙化土地等。作为生态系统的构成要素，这些荒漠土地虽然也发挥了一定的生态功能，但相比其他类生态土地，目前来看其生态价值较小甚至是无，如果能在一定程度上向高价值的其他土地如草地等转化也可以提高源区生态价值。由于近几年全球气候变暖导致青藏高原地区平均气温有所升高，从近期环境监测结果看，雪山冰川面积明显下降，而水体湿地面积却有所增加。这种一进一退的现象，短期看虽然有利于草原等植被生长，但是长远看却对三江源区水源涵养乃至河湖供水带来不利影响。

根据以上分析，宜林地和其他荒漠土地类型虽然具有一定的生态价值，但是目前来看，针对宜林地和荒漠的治理依然是保护区生态建设的主要内容。如果宜林地实施人工造林，裸露、荒漠沙化土地通过治理提高植被覆盖率，这些没有生态价值或价值很小的土地就会在一定程度上向高生态价值的其他土地类型如林地、草地转化，进而提高整个三江源区生态稳定性和生态产品服务能力。所以，本研究基于以上考虑，并结合草地和森林生态价值评价结果，在运用线性规划模型进行生态资源结构优化分析时，选取参与规划的变量为三江源区 3 类典型草地（高寒草原、高寒草甸、温性草原）和 4 种林地（针叶林、针阔混交林、阔叶林、灌木），以及可转化性较大的宜林地和荒漠土地资源，河湖沼泽等生态类型没有考虑。

根据相关数据，三江源区现有高寒草甸 1272.05 万 hm^2，高寒草原 378.08 万 hm^2，温性草原 46.77 万 hm^2，此三类草原总面积占到规划区面积的 42.96%，草地面积的 60.56%。就林地类型而言，现有针叶林 32.91 万 hm^2，针阔混交林 0.6029 万 hm^2，阔叶林 1.8282 万 hm^2，灌木 225.1024 万 hm^2，占到整个规划区的 6.59%。未利用的宜林荒地和其他裸露、荒漠沙化土地 854.13 万 hm^2，占到整个规划区面积的 21.62%。参与规划的土地面积达到 2811.505 万 hm^2，占到整个规划区的 71.18%。其他类型的土地，如河流、湖泊、沼泽，以及草地和林地其他子类型的土地在本章线性规划内容中都没有考虑，仅就三种草地和四种林地以及宜林地和其他荒漠土地进行模型规划设计。

具体参与规划的生态资源土地类型见图 10-1。

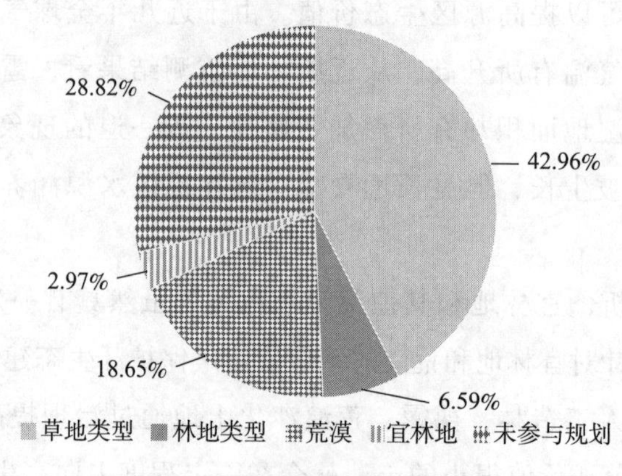

图 10-1　规划土地类型及构成

2. 变量设定

根据三江源区生态性资源土地特点和线性规划模型构建需要，以高寒草原、高寒草甸、温性草原、针叶林、针阔混交林、阔叶林、灌木林、宜林地和荒漠九种土地资源类型参与规划分析，即设定的模型求解变量如表 10-1 所示（变量单位：万 hm^2）。

表 10-1　线性规划模型设定变量

土地类型	土地类型二级子类	规划变量
草地	高寒草甸	x_1
	高寒草原	x_2
	温性草原	x_3
林地	针叶林	x_4
	针阔混交林	x_5
	阔叶林	x_6
	灌木	x_7
其他未利用土地	荒漠	x_8
	宜林地	x_9

（二）模型假设

线性规划模型需要对规划变量进行必要的假设以便设定各类稀缺的生态资源的上限和下限以及其他特殊目标的约束，即这些生态性土地面积在有限的时间内最大和最小的变化量和幅度。这些假定大都来自三江源生态保护和建设实际情况，其中主要依据的资料和数据来源于青海省发展和改革委员会《青海三江源生态保护和建设二期工程规划》和《青海三江源生态保护和建设二期工程规划实施情况的中期评估报告》，三江源生态保护和建设二期工程规划的时间期限为2020年，所以，“有限的时间内”界限确定为2020年，即以2020年三江源生态保护和建设二期工程规划末期的生态保护目标为参照值（以下简称二期工程规划目标）。

假设（Ⅰ）：除了参与规划的变量外，其他地类（包括交通运输用地、耕地、其他农用地、城镇村庄及工矿用地等）土地面积，河流、湖泊和沼泽湿地的面积保持不变。

假设（Ⅱ）：假设未列入规划范畴的其他林地类型（包括乔灌混合林、疏林地、绿化林地、人工幼林、稀疏灌草丛等），其他草地类型（包括温性荒漠草原类、高寒草甸草原类、温性荒漠类、高寒荒漠类、低地草甸类、山地草甸类）面积均保持不变，即所要规划区域的面积为2811.505万hm^2。

假设（Ⅲ）：假设高寒草甸面积与高寒草原面积之比介于3~4；高寒草甸与温性草原之比介于27~28；灌木与针叶林面积之比介于6.5~7.5；针阔混交林与阔叶林的面积之和介于3万~4万hm^2，此外，针阔混交林的面积不低于原有面积0.6029万hm^2。[①]

假设（Ⅳ）：假设在实际规划之中，草地面积整体增加的上限为10%。[②]

假设（Ⅴ）：假设荒地最多有30%可转化为草地。[③]

---

① 这是一种根据现有各类型生态土地面积构成比例进行的假设，目的是使模型方便运算。一般情况下，自然生态环境在自身不断演化中各类型土地之间的生态均衡比例总是维持在一个相对稳定的范围。假设针阔混交林的面积在短期内不低于原有面积，该面积数据来源于青海省基础地理信息中心。

② 依据二期工程规划目标要求，到2020年草地植被覆盖度平均提高25%~30%，根据二期工程中期评估报告，实际草原面积从2012年到2016年只增加2%。基于上述实际情况判断，假设从2015年到2020年，草地面积能增加10%。

③ 荒地只能通过植被覆盖率的增加而减少，而实际情况是这些荒地宜草不宜林。根据三江源生态保护和建设二期工程规划实施情况中期评估报告的数据，二期工程建设中（指标统计自2012年到2016年）可治理沙化土地治理率由45%提高到47%，2020年目标值为50%，2016年只完成目标任务的40%，沙化土地治理区植被覆盖率由25%提高到了39.4%。因此，本规划考虑将荒漠土地面积转化率设定为30%。

假设（Ⅵ）：宜林荒地可转化为所列的四类林地。

假设（Ⅶ）：假设未利用的宜林地的价值与其他荒地的价值等同。

（三）约束条件

1. 自然约束

（1）非负约束：x_1，x_2，x_3，x_4，x_5，x_6，x_7，x_8，$x_9 \geqslant 0$ ①

（2）土地总量约束条件：

$$x_1+x_2+x_3+x_4+x_5+x_6+x_7+x_8+x_9 \leqslant 2811.505 \quad ②$$

（3）荒漠面积约束：$515.676 \leqslant x_8 \leqslant 736.68$ ③

（4）宜林地上限约束：$x_9 \leqslant 117.45$ ④

（5）草地下限约束：$x_1+x_2+x_3 \geqslant 1696.9$ ⑤

（6）林地下限约束：$x_4+x_5+x_6+x_7 \geqslant 260.475$ ⑥

2. 生态均衡约束

（1）草地均衡约束（A）：$3 \leqslant x_1 : x_2 \leqslant 4$ ⑦

（2）草地均衡约束（B）：$27 \leqslant x_1 : x_3 \leqslant 28$ ⑧

（3）林地均衡约束（A）：$6.5 \leqslant x_7 : x_4 \leqslant 7.5$ ⑨

（4）林地均衡约束（B）$3 \leqslant x_5+x_6 \leqslant 4$ ⑩

（5）林地均衡约束（C）$x_5 \geqslant 0.6029$ ⑪

（6）林地均衡约束（D）$x_6 : x_5 > 3$ ⑫

3. 其他约束（特定规划）

（1）草地规划约束：$x_1+x_2+x_3 \leqslant 1866.59$ ⑬

（2）林地规划约束[①]：$260.475 \leqslant x_4+x_5+x_6+x_7 \leqslant 286.523$ ⑭

（3）宜林地约束：$x_9 \geqslant 91.403$ ⑮

① 森林覆盖率到2020年目标为5.5%，中期评估时实际到2014年已经达到7.43%（从2012年到2014年两年时间提高2.64个百分点），所以考虑森林覆盖率的实际最终情况，我们假定到2020年森林的覆盖率可以达到10%，则其中森林增加10%的面积时，作为未利用土地的下限，根据假设宜林荒地的转化率大约有22%。

（四）模型构建

1. 模型系数

依据线性规划变量设置、目标函数要求、模型假设以及各约束条件构建规划模型。

构造系数矩阵 A：

$$A=\begin{bmatrix} a_{11} & a_{12} & \cdots & a_{19} \\ a_{21} & a_{22} & \cdots & a_{29} \\ \vdots & \vdots & \ddots & \vdots \\ a_{91} & a_{92} & \cdots & a_{99} \end{bmatrix}$$

构造求解变量矩阵 X：

$$X=[x_1 \quad x_2 \quad \cdots \quad x_9]^{\mathrm{T}}$$

构造各价值分量矩阵 D：

$$D=[d_1 \quad d_2 \quad \cdots \quad d_9]^{\mathrm{T}}$$

以上系数矩阵和价值量矩阵的各元素所代表含义如表 10-2 所示。

表 10-2　模型系数含义

$a_{i\cdot}$	含义	$a_{\cdot j}$	含义	d_i	含义
$a_{1\cdot}$	资源产品供给	$a_{\cdot 1}$	高寒草甸	d_1	资源产品供给价值
$a_{2\cdot}$	美学景观	$a_{\cdot 2}$	高寒草原	d_2	美学景观价值
$a_{3\cdot}$	气体调节	$a_{\cdot 3}$	温性草原	d_3	气体调节价值
$a_{4\cdot}$	气候调节	$a_{\cdot 4}$	针叶林	d_4	气候调节价值
$a_{5\cdot}$	净化环境	$a_{\cdot 5}$	针阔混交林	d_5	净化环境价值
$a_{6\cdot}$	水文调节	$a_{\cdot 6}$	阔叶林	d_6	水文调节价值
$a_{7\cdot}$	土壤保持	$a_{\cdot 7}$	灌木	d_7	土壤保持价值
$a_{8\cdot}$	维持养分循环	$a_{\cdot 8}$	荒漠	d_8	维持养分循环价值
$a_{9\cdot}$	维持生物多样性	$a_{\cdot 9}$	宜林地	d_9	维持生物多样性价值

系数矩阵的每一行表示规划区的这些生态性土地资源（草地和林地生态系统各类型）的某一项服务功能的价值方程。每一列则表示某一生态性土地

类型下生态功能的价值。而对于每一行而言，最后的结果则是最终某一项服务功能的价值。其中 $\sum_{i=1}^{2} d_i$ 表示整个规划区生态系统的直接使用价值，$\sum_{i=3}^{9} d_i$ 表示整个规划区生态系统的间接使用价值。

依据价值篇对森林与草原生态系统的价值研究，某些生态功能没有参与价值估算过程，在进行线性规划时遇到各变量价值表述不全面情况，例如草地生态系统（包括高寒草甸、高寒草原）的气候调节功能、美学景观的功能以及维持养分循环功能的价值。因此为了模型规划求解需要，补充不足生态功能类型的价值。为运算方便，本章以当量因子法对缺失的生态系统价值系数进行计算补充到规划中（具体当量因子法见第五章三江源区森林生态系统服务功能价值评价）。其中单位当量因子的价值来源于本报告第五章所计算的 2015 年调整后的单位当量因子价值。至于未利用土地（含荒漠与宜林地）的价值当量则取裸地所对应的当量值。则最终构造系数矩阵如表 10-3 所示。

表 10-3　系数矩阵 A 取值　　单位：元 · hm^{-2}

	$a_{\cdot 1}$	$a_{\cdot 2}$	$a_{\cdot 3}$	$a_{\cdot 4}$	$a_{\cdot 5}$	$a_{\cdot 6}$	$a_{\cdot 7}$	$a_{\cdot 8}$	$a_{\cdot 9}$
$a_{1\cdot}$	54.8	34.62	42.82	1970.308	2711.612	2516.532	1638.672	0	0
$a_{2\cdot}$	1092.448	487.7	487.7	1599.656	2223.912	2067.848	1346.052	19.508	19.508
$a_{3\cdot}$	5357.385	1020.54	2817.5	3316.36	4584.38	4233.236	2789.644	39.016	39.016
$a_{4\cdot}$	5891.416	2614.072	2614.072	9890.556	13714.124	12680.2	8251.884	0	0
$a_{5\cdot}$	1306.318	181.199	500.254	2906.692	3882.092	3765.044	2497.024	195.08	195.08
$a_{6\cdot}$	170.472	144.741	157.315	6515.672	6847.308	9246.792	6535.18	58.524	58.524
$a_{7\cdot}$	3227.619	1179.1	1340.45	4018.648	5579.288	5169.62	3355.376	39.016	39.016
$a_{8\cdot}$	214.588	97.54	97.54	312.128	429.176	390.16	253.604	0	0
$a_{9\cdot}$	185.32	185.32	185.32	3667.504	5072.08	4701.428	3062.756	39.016	39.016

则有：$A \cdot X = D$

由于生态可持续服务能力可以从其价值的最大化角度进行分析，即线性规划目标为追求经济价值最大化。所以，规划设定的目标是各类生态系统服务价值之和最优，设其值为 V，则目标函数可以表述为：

$$\text{Max } V_i \ (i=1,\ 2,\ 3)$$

2. 规划模型

考虑生态系统价值包含直接使用价值、间接使用价值与总价值，所以在线性规划约束条件之下进行最优化分析时，其最大化目标也要确定为哪类价值，这样才能依据不同价值最大化探究各类生态性土地资源的配置问题，也能够更好地满足人们对生态系统不同角度的要求。

根据生态系统的不同价值，在运用线性规划分析生态资源结构优化时设置了三个规划目标，即直接使用价值最大化、间接使用价值最大化和总价值最大化。

规划（一）——目标生态系统直接使用价值最大化。

线性规划模型为：

$$\text{Max} V_1 = \sum_{n=1}^{2} d_i$$

$$\text{st. ①} \sim \text{⑮}$$

规划（二）——目标生态系统间接使用价值最大化。

线性规划模型为：

$$\text{Max} V_2 = \sum_{n=3}^{9} d_i$$

$$\text{st. ①} \sim \text{⑮}$$

规划（三）——目标生态系统服务总价值最大化。

线性规划模型为：

$$\text{Max} V_3 = \text{Max}\ (V_1 + V_2)$$

$$\text{st. ①} \sim \text{⑮}$$

三、规划结果

利用规划软件 LINGO 12.0，输入相关变量及系数分别对以上三个线性规划模型求解得到规划结果。

（1）规划（一）下求解结果。

根据所要求的目标函数及约束条件，规划（一）下的模型表述为：

目标函数：

$$\text{Max}V_1=1147.248\times x_1+522.32\times x_2+530.52\times x_3+3569.964\times x_4+4935.524\times x_5+4584.38\times x_6+2984.724\times x_7+19.508\times x_8+19.508\times x_9$$

在满足约束条件

$$x_1+x_2+x_3+x_4+x_5+x_6+x_7+x_8+x_9\leqslant 2811.505$$

$$x_9\leqslant 117.45,\ 515.676\leqslant x_8\leqslant 736.68$$

$$3\leqslant\frac{x_1}{x_2}\leqslant 4,\ 27\leqslant\frac{x_1}{x_3}\leqslant 28,\ 6.5\leqslant\frac{x_7}{x_4}\leqslant 7.5,\ \frac{x_6}{x_5}\geqslant 3$$

$$x_5+x_6\leqslant 4,\ x_5\geqslant 0.6029$$

$$1696.9\leqslant x_1+x_2+x_3\leqslant 1866.59$$

$$260.475\leqslant x_4+x_5+x_6+x_7\leqslant 286.5225$$

下各个求解变量 $x_1\sim x_9$ 的值。

利用规划软件 LINGO 12.0，输入相关变量及系数得到最终结果如表 10-4 所示。

表 10-4　使用价值最大化条件下生态性土地资源配置　　单位：万 hm^2

土地类型	高寒草甸	高寒草原	温性草原	针叶林	针阔混交林	阔叶林	灌木	荒漠	宜林地
变量	x_1	x_2	x_3	x_4	x_5	x_6	x_7	x_8	x_9
面积	1451.792	362.948	51.850	37.670	1.000	3.000	244.853	566.990	91.403

该结果显示，直接使用价值（V_1）的最大值为 278.3297 亿元。根据规划结果与规划前各变量数值对比发现，其中变量数值有升有降，见表 10-5。

表 10-5　规划（一）结果前后对比变量变动情况　　单位：万 hm^2

生态土地类型	变量	原始状态	规划（一）结果	变动幅度
高寒草甸	x_1	1272.05	1451.792	179.742（14.13%）
高寒草原	x_2	378.08	362.948	−15.132（−4%）
温性草原	x_3	46.77	51.85	5.08（10.86%）
针叶林	x_4	32.9415	37.67	4.73（14.35%）
针阔混交林	x_5	0.6029	1	0.3971（65.86%）

续表

生态土地类型	变量	原始状态	规划（一）结果	变动幅度
阔叶林	x_6	1.8282	3	1.1718（64.1%）
灌木	x_7	225.1024	244.853	19.75（8.78%）
荒漠	x_8	736.68	566.99	-169.69（-23.03%）
宜林地	x_9	117.45	91.403	-26.047（-22.18%）

由表 10-5 可看出，规划后有 3 个变量发生了下降，即高寒草原、荒漠和宜林地，其他变量都有所增加。说明按照生态系统直接使用价值判断，如果满足其价值最大化要求，那么高寒草原、荒漠和宜林地土地面积必须下降，其中降幅最大的为荒漠，其他 6 个变量都有不同程度的增长，增长幅度最大的是针阔混交林和阔叶林，增幅达到 65%左右。

（2）规划（二）下求解结果。

规划（二）参与规划的约束条件与规划（一）相同，只是其目标函数发生了变化，改变其目标为间接使用价值最大，则目标函数变为：

$$\text{Max}V_2 = 16353.118 \times x_1 + 5422.512 \times x_2 + 7712.451 \times x_3 + 30627.56 \times x_4 + 40108.44 \times x_5 + 40186.48 \times x_6 + 26745.468 \times x_7 + 370.652 \times x_8 + 370.652 \times x_9$$

但是其最终求得的各类型土地的数值与规划（一）相同，只是其最终的间接使用价值为 3421.6480 亿元，约为其直接使用价值的 12.29 倍。

（3）规划（三）下求解结果——在规划（一）与规划（二）的基础上，改变其目标为总价值最大，则目标函数为：

$$\text{Max}V_3 = 17500.366 \times x_1 + 5944.832 \times x_2 + 8242.971 \times x_3 + 34197.524 \times x_4 + 45043.972 \times x_5 + 44770.86 \times x_6 + 29730.192 \times x_7 + 390.16 \times x_8 + 390.16 \times x_9$$

同时得到其最大的总价值为 3699.9777 亿元，相当于青海 2015 年 GDP 的 1.53 倍（2015 年青海省 GDP 为 2417.05 亿元）。

从直接使用价值、间接使用价值和总体价值下所得结果相等的关系可以判断，生态系统各价值之间存在着某种因果关系。一般说来，某种生态系统的直接使用价值越大，其间接使用价值与总价值也会相应地具有一个较大的值，不会小。因此三种价值之间存在着一致性。而这与人们日常认知也是相符的，即越是高级、层次丰富的生态系统，其内在所蕴含的价值也越高。

四、规划改进

（一）调整规划

规划（一）、规划（二）和规划（三）三个求解过程均是在假设前提下满足所有给定的约束条件，即考虑青海三江源二期工程规划目标的假设理想状态下，假设变量变化大小和幅度所进行的各种生态资源的规划。这种结合源区生态保护和建设的实际情况对生态资源利用有一定的现实意义，但是求解变量在三个规划下都一致，或许假设和约束条件过于受二期工程规划目标限制。所以，可以考虑放宽这些假设，即放弃二期工程规划目标的假设的理想状态，从一个更长远的时期看（至少超过 2020 年），假设政府以及其他社会力量（如 NGO 等）对三江源区的生态保护予以更大的重视，投入足够的人力与物力，在仅有自然约束和生态均衡约束的条件下，放弃对“有限的时间内”的理想目标，分析探讨三江源生态系统服务总价值实现最大化的生态资源结构优化问题。

该规划的目的主要在于从理论上分析探讨三江源生态资源长期内的优化配置问题。新的规划（四）过程如下：

求解规划（四）——目标生态系统服务总价值最大化：

$$\mathrm{Max}V_4=\mathrm{Max}\ (V_1+V_2)$$

$$\mathrm{st.}\ ①\sim⑫$$

根据所要求的目标函数及约束条件，规划（四）下的模型表述为：

目标函数：

$$\begin{aligned}\mathrm{Max}V_4=&17500.366\times x_1+5944.832\times x_2+8242.971\times x_3+34197.524\times x_4+\\&45043.972\times x_5+44770.86\times x_6+29730.192\times x_7+390.16\times x_8+390.16\times x_9\end{aligned}$$

在满足约束条件：

$$x_1+x_2+x_3+x_4+x_5+x_6+x_7+x_8+x_9\leqslant 2811.505$$

$$x_9\leqslant 117.45，515.676\leqslant x_8\leqslant 736.68$$

$$3\leqslant\frac{x_1}{x_2}\leqslant 4，27\leqslant\frac{x_1}{x_3}\leqslant 28，6.5\leqslant\frac{x_7}{x_4}\leqslant 7.5，\frac{x_6}{x_5}\geqslant 3$$

$$x_5+x_6\leqslant 4,\ x_5\geqslant 0.6029$$

$$x_1+x_2+x_3\geqslant 1696.9,\ x_4+x_5+x_6+x_7\geqslant 260.475$$

$$x_9\geqslant 91.403$$

下各个求解变量 $x_1 \sim x_9$ 的值。

（二）改进结果

最终得到改进的规划结果：最大总价值为 4386.951 亿元，较 $x_1 \sim x_9$（三）下有规划的约束价值增加了 686.9733 亿元。在全约束条件下与没有考虑二期工程规划目标的限制下，三江源生态保护区的生态性土地资源的变动调整情况如表 10-6 所示。

表 10-6　土地配置对比　　单位：万 hm^2

土地类型	变量	原始状态	规划（三）		规划（四）	
			变量值	变动幅度	变量值	变动幅度
高寒草甸	x_1	1272.05	1451.792	179.742（14.13%）	1319.811	47.761（3.75%）
高寒草原	x_2	378.08	362.948	−15.132（−4%）	329.9528	−48.13（−12.73%）
温性草原	x_3	46.77	51.85	5.08（10.86%）	47.13611	0.366（0.78%）
针叶林	x_4	32.9415	37.67	4.73（14.35%）	79.32387	46.38（140.80%）
针阔混交林	x_5	0.6029	1	0.3971（65.86%）	1	0.3971（65.86%）
阔叶林	x_6	1.8282	3	1.1718（64.1%）	3	1.1718（64.1%）
灌木	x_7	225.1024	244.853	19.75（8.78%）	515.6051	290.50（129.05%）
荒漠	x_8	736.68	566.99	−169.69（−23.03%）	515.676	−221.00（−30%）
宜林地	x_9	117.45	91.403	−26.047（22.18%）	0	−117.45（−100%）

由表 10-6 可以看出新的规划有 3 个变量发生了下降，即高寒草原、荒漠和宜林地，其他变量都有所增加。如果满足生态性资源值最大化要求，那么

高寒草原、荒漠和宜林地土地面积也要下降，其中宜林地降幅 100%，意味着全部的宜林荒地按照可转化方向都变成有林地。原有的针叶林、灌木林、阔叶林和针阔混交林面积都大幅增加，其中针叶林和灌木林的面积增长一倍多。还可以看到荒漠土地有 30% 左右的面积被植被覆盖，三江源区原来大片的不毛之地和退化草原重新变绿。

改进规划的最终结果意味着：青海三江源生态保护区经过若干年的努力（2020 年以后），最终将全部的宜林土地成功变成森林。退化的草原基本得到修复，三江源生态环境从根本上进入良性循环，草更绿、天更蓝、水更清。更重要的是，这个时候，三江源生态保护区的生态系统服务功能价值达到了最大。

五、规划结果比较

对于草地而言，三类草地相对于原始状态均发生了变化。在全约束条件下，高寒草甸和温性草原在不同程度上均有增长，高寒草原微有下降。但在不考虑生态保护工程目标限制下，三者都出现了不同程度的下降（见图 10-2）。

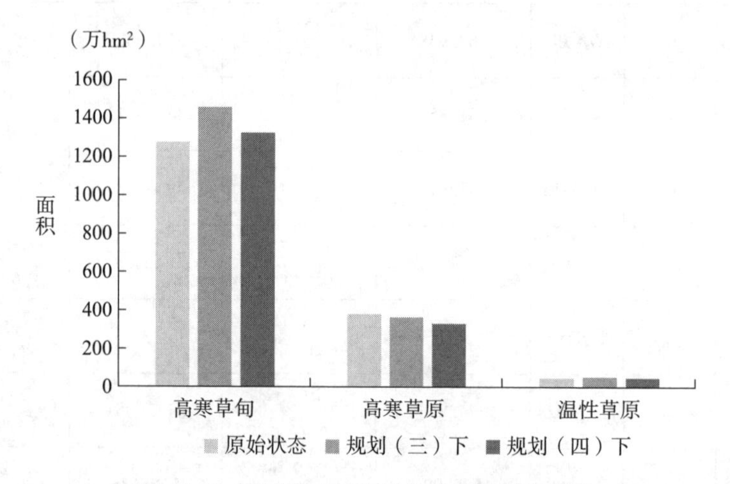

图 10-2　草地类土地不同约束条件下的变化

对于森林而言，在全约束条件下，四类林地的面积均出现了不同程度的增长，但是其增长的幅度极为有限，这与限定森林的增长上限有很大的关系。在放开生态保护工程目标限制下，规划（四）下的四类林地的面积尤其是灌木林和针叶林的增加非常明显，都超过一倍（见图 10-3）。

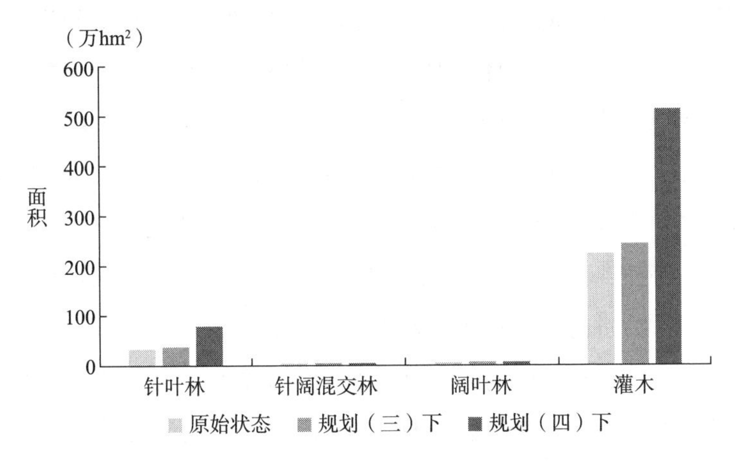

图 10-3 林地类土地不同约束条件下的变化

不考虑生态保护工程目标限制，未利用土地面积大大减少，以宜林荒地为例，可以看到其全部转化为了各类林地，随着未利用土地向更高价值的生态性土地转化，整个三江源区的生态系统价值得以明显增加（见图 10-4）。

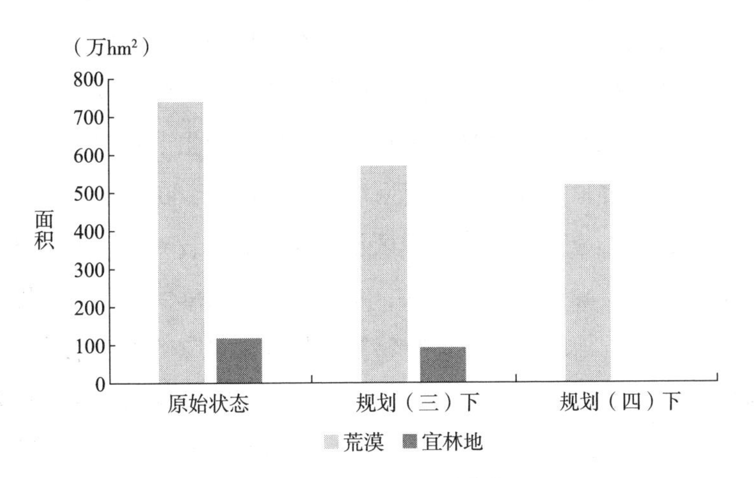

图 10-4 未利用土地变化

六、线性规划模型在生态资源配置中的应用讨论

（一）模型方法的应用

从线性规划方法来看，由于目标明确、约束条件清晰，对于相关的运筹

与规划问题有一个很好的解题范式，尤其在对各类确定性的稀缺资源配置和最优利用方面有很好的可解性，但是其在求解各种非确定性以及较抽象的资源如生态环境等最佳化判定上仍然具有很大的局限性。以本章设定的规划（三）和规划（四）为例，在设定目标函数以及各个约束条件时主观性很强。首先，价值核算中亦非涵盖所有生态功能；其次，价值或价格本身是一个确定性的概念，而对生态系统价值的估算方法是在一系列人为假设的环境下，以各种替代的方式进行其各项生态功能价值的估算，方法不同结果可能就大相径庭；最后，线性规划的约束条件也是假定生态资源或生态环境能按照人们的意愿来变化和发展，准确性欠佳。所以，本章线性规划方法仅从理论上分析生态资源的最优配置和利用，在非确定性以及较抽象的资源如生态环境等方面，线性规划方法的应用还有待进一步研究和探索。

（二）规划结果的现实意义

虽然本章的规划内容与方法仅仅是从理论上进行的生态资源最优配置和价值利用，但是也有一定的现实意义。从生态价值最大化角度看，价值包含直接使用价值和间接使用价值，生态系统提供的支持和调节服务的价值越大说明其生态功能越完善。由规划结果可知，价值高的生态系统类型，在可能的条件下，如符合林地立地条件、遵循草地自然演化，在不影响生物自然生长发育规律前提下，应有意识确定源区重点保护和建设对象，如森林、温性草原、高寒草甸等。森林在调节气候、文化美学、维持生物多样性等方面发挥了极重要的作用，加之是源区分布较集中且数量很少的生态系统，其稀缺性和珍贵性不言而喻。三江源生态保护区实行严格的禁伐抚育就是最好的证明。草地面积在三江源保护区占到70%以上，高寒草甸面积又占到草地面积的一半左右，是源区重要的基础性生态类型，在维持三江源保护区生态循环中发挥了巨大的调节和支持作用，三江源保护区生态建设决不能忽视高寒草甸。

因此，加大对宜林荒地的造林力度，努力提高森林覆盖率，推进和加强退化草地和沙化土地治理，不断提高植被覆盖度，对维护和提高三江源保护区生态产品供给能力、提高生态服务功能价值都将带来积极作用。

（三）规划结果令人期待

改进的规划模型结果是放宽“有限时间内”和“二期工程规划目标”的假定，也就是说，如果时间是“2030年”“2050年”以及后来的“三期工程规划目标”“四期工程规划目标”等，也许“规划（四）”的结果就会变成现实。那时候的三江源地区将是一个人人尊重自然、爱护自然，人与自然已经形成良性互动共生关系，一个山清水秀、草绿林茂，承载了人们美好生活的自然净土。我们已有了认识的突破和积极的行动，我们相信，三江源地区人与自然和谐共生的美好愿景或许正向我们走来。

第十一章

可持续发展篇总结与思考

一、主要结论

（一）可持续发展

通过对三江源地区的生态足迹与承载力、生态盈余与赤字、生态压力指数，以及进一步利用生态足迹多样性指数、经济生态系统发展能力指数和万元 GDP 生态足迹指标对三江源地区经济生态系统稳定性、发展能力和生态资源利用效率进行考察。

运用生态足迹模型，首先计算了三江源 2009—2018 年和 2019—2020 年生态足迹、生态承载力、生态盈余（赤字）、生态压力指数，进一步利用生态足迹多样性指数、经济生态系统发展能力指数和万元 GDP 生态足迹指标对三江源地区经济生态系统稳定性、发展能力和生态资源利用效率进行考察。随着三江源经济发展以及三江源生态保护和建设工程的实施，近年来三江源生态足迹有所下降，生态承载力有所提高，总体表现为生态承载力大于生态足迹，生态供给整体高于当地人口对生态资源的需求，生态处于盈余状态，地区总体处于生态可持续状态。在经济生态可持续发展方面，经过十多年的发展，经济生态系统发展能力和资源利用效率得到了很大的提升与改善。到 2020 年，三江源整体处于中等经济生态系统发展能力和中等资源利用效率水平，整体可持续发展效果较好，但同时也要关注不同区域可持续发展能力。

三江源四州中黄南州、海南州处于低生态安全区，生态系统可持续性面临一定的压力。作为地区经济较发达的区域，如海南州和黄南州在经济发展过程中付出了一部分生态环境代价，面对经济快速发展的现实需求，三江源地区生态保护仍面临巨大挑战。如何权衡地区经济发展和生态保护之间的关系，首先要树立生态文明理念，遵循“三个最大”原则，持续不断强化三江源地区生态保护和建设力度；其次要加强三江源地区内部区域间、部门间的协作，共抓大保护，共促高质量发展。

可持续发展分析揭示了三江源地区在生态保护和建设工程实施以来环境与人类活动之间的关系，认为该地区生态与经济及人类活动间存在明显的向好趋势。从生态保护来看，连续的三江源一期二期生态保护和建设工程取得了改善环境的明显效果，生态系统可持续服务能力不断得到提升，一个山清水秀草美的三江源正在向我们走来。从地区社会经济发展角度看，随着人类活动的干扰，生态系统安全和经济生态可持续发展能力匹配同样面临考验。三江源地区的人们在尊重自然、顺应自然、与自然和谐相处的过程中，通过自己勤劳的双手，向着更加绿色、更高质量的发展道路迈进。

（二）生态资源结构优化与配置

从价值最大化角度出发进行的三江源生态资源结构优化与配置的研究认为，尽管线性规划的内容与方法主要是从理论上探讨生态资源最优配置和利用，但是也有一定的现实意义。价值高的生态系统类型，在可能的条件下，如符合林地立地条件、遵循草地自然演化和生物自然生长发育规律前提下，应有意识确定保护区重点保护和建设的对象，如森林、温性草原、高寒草甸等。加大对宜林荒地的造林力度，努力提高森林覆盖率，推进和加强退化草地和沙化土地治理，不断提高植被覆盖度，对维护和提高三江源保护区生态产品供给能力、提高生态服务功能价值都将带来积极作用。

同时规划的结果是令人期待的，尤其是单纯以生态系统的自然约束来看，依照各自生态性资源的单位价值，三江源生态系统的服务功能价值可以实现最大化。

二、思考与建议

（一）持续推进三江源生态环境保护

“三江之源、中华水塔、山水之宗”的青海三江源，也是中华民族的“生态源”，生态地位显著、生态功能巨大。2016 年 8 月，习近平总书记深入青海调研考察时强调，青海是国家重要生态安全屏障，三江源是“中华水塔”，长江、黄河、澜沧江三大河流滋养着大半个中国，“青海最大的价值在生态、最大的责任在生态、最大的潜力也在生态”，并提出了“扎扎实实推进经济持续健康发展，坚定不移推进供给侧结构性改革”“扎扎实实推进生态环境保护”等四个扎扎实实的重大要求。总书记高屋建瓴地指出了青海在国家全局发展中的战略地位、发展定位。2018 年青海省委十三届四次会议适时做出了坚持生态保护优先，推动高质量发展，创造高品质生活的“一优两高”战略部署，将生态环境作为谋划经济社会发展的首要前提和基础，也是做好青海一切工作的底线和支撑。

“三个最大”“一优两高”意味着举全省之力筑牢国家生态安全屏障，不能放松三江源生态保护与建设力度。“绿水青山就是金山银山”，“扎扎实实推进生态环境保护”，将生态环境保护和建设作为最能体现青海价值、最能产生较大影响的、最能取得成效的、最能发挥特色和优势的领域。持续推进三江源生态环境保护，不断提升国家重要生态安全屏障生态产品可持续服务和供给能力，让未来的三江源“天更蓝、草更绿、水更清”，确保“一江清水向东流”。

从三江源生态资源结构优化结果来看，以生态价值最大化为目标也意味着不能放松三江源生态保护与建设力度。“青海最大的价值在生态、最大的责任在生态、最大的潜力也在生态。”习近平总书记对青海寄予的殷切希望就落在生态环境保护上，持续加强三江源生态保护和建设力度，不断提升源区生态产品和服务可持续供给能力，才有可能最大限度地落实青海的责任，体现青海的价值，发挥青海的潜力。

（二）创新发展模式，贯彻可持续发展理念

发展不足是青海的现实之困，三江源特殊的地理位置与长期社会经济发展的基础又决定了其在全省发展的滞后。三江源地区自然进化特征明显，经济依然属于传统的以畜牧业为主的发展模式，原生畜牧业占有相当比重，从产业结构来看，2020 年第一产业所占比重达到 23.93%。从人口分布看，2020 年三江源地区总人口中农村人口 100.74 万人，占总人口数的 73.84%。从民族构成看，三江源地区人口绝大多数为世居藏民族，2020 年统计显示，藏族人口占三江源地区的 81.19%。作为“世界四大无公害超净区之一”的青海省地理环境独特，土地辽阔，资源丰富，三江源地区出产的牛羊肉、乳制品、冬虫夏草、人参果等越来越受到国内外消费者的青睐。三江源区内不仅蕴含丰富的矿产与生物资源，还具有丰富的历史和自然、人文和民族等旅游资源。随着国家和地方政府对藏区发展的支持，地区资源优势得到不断挖掘，以第一产业为基础的畜产品加工等轻工业比重稳步增加，第三产业比重也在不断上升。但是传统的开放开发模式会加剧人类活动对三江源脆弱的生态环境的影响，一旦生态环境受到破坏就极难恢复，无论是生态可持续还是社会经济可持续都会面临严峻考验。

“要正确处理好经济发展同生态环境保护的关系，牢固树立保护生态环境就是保护生产力，改善生态环境就是发展生产力的理念。”生态保护与经济发展、绿水青山与民生福祉相互交织、互相关联，内在联系十分复杂，需要有创新观念去指引，需要创新发展模式去协调二者的关系。可持续发展是人类长期以来对自己行为反思后形成的理性化的思维认识，强调人类选择发展模式时要遵循自然规律，循环利用自然资源和保护好生态环境，要求人类的发展要与自然承载能力相协调，强调发展的长期性和可持续性。从地区发展角度看，创新发展模式，坚持发展的长期性和可持续性，坚持经济发展同生态保护相结合相融合，积极探索产业生态化和生态产业化的新型发展模式，在发展中保护好生态，在生态保护中融入发展，在发展中将潜在生态优势转化为现实经济优势。三江源地区可以依托特色优势畜牧业资源，构建区域分工明确、特色突出、集约生产、科技支撑的现代有机生态畜牧业产业体系；有

序规划和开发旅游和文化资源，慎重和禁止开发矿产资源。通过一系列创新发展模式，贯彻可持续性发展理念，走可持续发展之路，以实现地区发展的经济效益、社会效益、生态效益的统一。

（三）不要忽视生态系统自身维持和调节能力

生态系统具有自我维持与自我调节能力，从某种程度上来说，保护生态环境，只是激发和扶持自然生态系统这个机体的自愈力而已，最终医好生态环境的不是方法（措施）本身，而是自然自己。就像一支军队在保护一个国家一样，自然生态环境与生俱来就有一个免疫系统，能够抵御外来的危害，一旦有污染或有害物进入其中，不管是灰尘、病毒，还是某些外在力量带来的损伤（一定程度内），只要免疫系统有反应，基本能够把它消除掉，损伤也会自愈。在三江源生态保护和建设的一系列措施实施的同时，应该认识到自然生态系统的弹性和自我调节能力，生态保护和建设的目的就是通过各种人为措施和方法去唤醒生态系统的自我维持、自我调节、自我修复的能力，依靠人为努力助推自然环境，就可以治愈生态环境系统内的疾病。所以，从敬畏自然、尊重自然、爱护自然角度出发，应该遵循自然生态系统自身的发展规律，生态保护和建设更多的是通过人为活动去唤醒和辅助自然生态系统自身的维持和调节能力，切不可过高地估计人的力量，在保护和建设生态环境的过程中矫枉过正，再犯错误。

（四）建立与完善制度

自2003年国务院正式批准建立三江源国家级自然保护区以来，先后批准实施了青海三江源生态保护和建设一期、二期工程，青海三江源国家生态保护综合试验区，并在此基础上编制实施了《三江源国家公园体制试点方案》和《三江源国家公园总体规划》。中国作为最大的发展中国家，在生态文明顶层设计上要从“应急反应型”向“预防创新型”转变，充分发挥后发优势和制度优势，要提升国家治理能力，实现治理能力现代化，重现对生态环境的治理，加快经济和文化的发展，用严格的法律制度保护生态环境。[①] 2016年

① 刘宇楠，高欢欢．生态价值观的理论嬗变与实践演进［J］．创新，2016（2）：63-69.

11月中央全面深化改革委员会审议通过了《自然资源统一确权登记办法（试行）》，2018年2月中央又提出“改革自然资源和生态环境管理体制”的决定。这都为三江源生态保护区推行生态资产化管理奠定了良好的基础。所以，按照生态文明制度体系建设和自然资源与生态环境管理体制要求，在三江源区及早推行针对源区山、水、林、草等生态系统所有权统一进行确权登记基础上，进一步建立并形成归属清晰、权责明确、系统高效的生态资产化管理制度，支撑三江源地区自然资源有效监管和生态环境严格保护。

保护与建设篇

三江源是中国极为重要的生态安全屏障区，是青海推进生态文明建设的重点内容、重要抓手和重要支撑。截至目前，我国先后启动了两期三江源生态保护建设工程。其中，一期工程于2005年启动，2013年完成。二期工程2013年进行规划，将治理范围从15.2万km^2扩大至39.5万km^2。2015年11月青海省委省政府向中央上报了《三江源国家公园体制试点方案》，同年12月中央全面深化改革委员会审议通过《三江源国家公园体制试点方案》。2016年3月国家正式印发《三江源国家公园体制试点方案》。三江源成为党中央、国务院批复的我国第一个国家公园体制试点。2021年10月三江源国家公园正式设立，未来将建设成为青藏高原大尺度生态保护修复的典范。

本篇将在三江源生态系统价值与可持续发展基础上，简要介绍三江源生态保护和建设工程实施以及三江源国家公园体制试点以来源区生态环境保护和建设取得的主要成效，目的是期望更多的人了解三江源、认识三江源、看到三江源生态保护和建设取得的成绩，期待更多的人能为长江、黄河源头重现水草丰美、生物繁茂的美景尽一份力。

第十二章

三江源一期、二期保护建设工程

一、一期工程

2005 年启动实施的《青海三江源自然保护区生态保护和建设总体规划》，即一期工程，是我国继京津风沙源之后的又一重大生态综合治理工程，开启了青藏高原山水林草湖系统保护修复的新模式。2017—2018 年，国家发展改革委委托中国国际工程咨询公司对《青海三江源生态保护和建设二期工程规划》实施情况进行了中期评估，发布了《关于青海三江源生态保护和建设二期工程规划实施情况的中期咨询评估报告》。该报告认为，通过实施草地、森林、湿地等生态系统保护和建设工程，三江源生态系统退化趋势得到遏制，生态服务功能进一步凸显。草原生态状况逐步好转，草原鼠害危害面积大幅下降，各类草地草层厚度、覆盖度和产草量基本呈上升趋势，退化过程整体呈减缓态势；森林生态功能逐渐增强，各树种郁闭度呈正增长趋势，灌木林地基本处于动态平衡状态；荒漠化土地面积逐步缩小，局部地区沙化扩大趋势得到控制，防风固沙能力不断增强，流沙侵害公路等现象大幅减少；水源涵养林、水土保持林和防风固沙林正在逐步成林，乔木型、乔灌型、灌木型与灌草型封育地植被得到自然恢复，林地涵养水源、保持水土的生态效益逐渐释放；湿地生态系统面积不断扩大，湿地监测站点植被盖度提高，样地生物量呈增长趋势。地表水环境质量状况为优，监测断面水质保持在Ⅱ类以上。这些成效，是工程系统实施和管护措施相互作用形成的综合效益，是大保护促进大修复的集中体现。①

（一）生态环境发生变化，生态状况明显好转

中科院地理科学与资源研究所和青海三江源生态监测组，共同完成的《青海三江源自然保护区生态保护和建设工程生态成效综合评估结果》显示，自一期工程启动实施以来，三江源地区特别是三江源自然保护区的生态环境发生了显著变化，规划确定的目标基本实现。

1. 林草植被覆盖度增加

2004—2012 年，三江源自然保护区植被覆盖度呈现增加趋势，森林覆盖率由 2004 年的 6.09%提高到了 2012 年的 6.99%，草原植被盖度平均提高 11.6 个百分点。

2. 生态系统结构逐步得到改善

主要表现为湿地生态系统面积扩张，荒漠生态系统逐步得到保护和恢复，草地退化态势得到明显遏制，草地恢复速度明显高于保护区之外的区域。2004—2012 年，自然保护区内森林面积增加 15.3km^2，草地面积增加 123.7km^2，水体和湿地面积增加 279.85km^2，荒漠面积减少 492.61km^2。

3. 水源涵养功能显著提升

三江源地区 1997—2004 年林草生态系统多年平均年水源涵养量为 142.49 亿 m^3，2005—2012 年林草生态系统多年平均年水源涵养量为 164.71 亿 m^3，增加了 22.22 亿 m^3。大于等于 1km^2 的水体 226 个，总面积为 5785.5km^2，比 2006 年增加 261.25km^2，其中扎陵湖和鄂陵湖面积分别增加 32.69km^2 和 64.36km^2，增幅分别为 6.47%和 11.03%。2015 年，三江源地区草地土壤水分含量均值在 7.5%~15.5%。

4. 区域气候发生变化

1975—2004 年三江源地区各气象站点年平均气温为-0.58℃，年平均气温

① 三江源生态保护与建设成效数据资料来源于《青海省三江源生态保护和建设一期工程验收资料汇编》（青海省生态保护和建设办公室编，2016 年 8 月）、《三江源国家公园公报（2018）》（2019 年 2 月）和《三江源国家公园公报（2019）》（2020 年 3 月）。

变化率约为0.38℃/10年，2004—2012年各气象站点年平均气温为0.4℃，年平均气温变化率约为0.1℃/10年，增温速率明显降低；1975—2004年各站点年降水量均值为470.62mm，2004—2012年各站点年降水量均值为518.66mm，年均降水量增加48.04mm，湿润指数平均增加5.03左右。

5. 江河径流量稳中有增

1975—2004年，长江直门达站年平均径流量124.3亿 m^3，2004—2012年，出省年平均径流量164.2亿 m^3，年平均增加39.9亿 m^3，2015年出省径流量为155.02亿 m^3；1975—2004年，黄河唐乃亥站年平均出省径流量201.9亿 m^3，2004—2012年，出省年平均径流量为207.6亿 m^3，年平均增加5.7亿 m^3，2015年出省径流量为158.01亿 m^3；2004—2012年，澜沧江出省平均径流量107亿 m^3，2015年出省径流量为102.51亿 m^3。到2015年，三江源地区地表水水质总体状况为优。

6. 水土保持功能提高

1997—2004年，三江源地区多年平均年土壤保持服务量为5.46亿吨，2005—2012年多年平均年土壤保持服务量为7.23亿吨，增加了1.77亿吨。

7. 天然草地放牧压力减轻

到2013年，自然保护区内共实现天然草地减畜342万羊单位，牲畜超载率降低了41.94个百分点，天然草地放牧压力明显减轻。另外，从自然保护区核心区转移人口10733户、53921人，降低了牧民对天然草地的利用强度。

（二）生产生活条件改善，保护生态积极性提高

1. 生产生活条件得到改善

通过小城镇建设和生态移民工程，改善了生态移民的居住、就医、上学等条件。建设牲畜暖棚、贮草棚和人工饲草料基地，促进了草地畜牧业向生态畜牧业的生产方式转变；通过人畜饮水工程，解决了13.58万人和36万头牲畜的饮水困难问题；通过能源建设，为4.5万户农牧民安装了太阳能光伏电源和太阳灶，缓解了牧民生活用能困难；当地群众通过参与三江源生态保护和建设，获得报酬，增加收入，提高了生活质量。2014年，三江源地区农

牧民人均纯收入达到5792.25元，10年间年均增长12.4%。

2. 生态补偿机制初步建立

三江源地区先后实施了退耕还林、退牧还草、生态公益林补偿、生态移民补助、草原生态保护补助奖励机制等工程和政策，对农牧民给予了一定补偿。在国家的大力支持和青海省共同努力下，三江源地区以中央财政为主、地方财政为辅的生态补偿机制已初步建立。

3. 生态保护意识和积极性普遍提高

通过生态工程建设实践和培训、宣传等工作，项目区广大干部群众加深了对三江源生态保护和建设重大意义的认识，自觉参与意识普遍增强，思想观念和生产生活方式有所转变，保护和建设生态的积极性明显提高。同时，进一步密切了党群、干群和民族关系，促进了藏区社会稳定和民族团结，成为青海藏区的民心工程、德政工程。

二、二期工程

《青海三江源生态保护和建设二期工程规划》（以下简称《二期规划》）于2013年正式颁布，实施期限为2013—2020年，规划总投资160.57亿元，二期工程于2014年全面启动①。实施范围包括玉树、果洛、海南、黄南4个州的全部21个县和格尔木市的唐古拉山乡，总面积为39.5万km^2，占全省总面积的54.6%。为有效开展二期工程项目生态成效监测和评估工作，省生态环境厅、自然资源厅、水利厅、农业农村厅，省林草局、气象局等单位共同组成了三江源生态监测与评估工作组，在省生态环境厅组织协调下，综合应用地面观测、遥感监测和模型模拟相结合等技术方法，基于综合评估指标体系和生态本底，共同完成二期工程生态成效综合评估工作。

根据《三江源生态保护和建设二期工程规划中期省级自查评估报告》和《二期规划》期终自评结果，通过《二期规划》各类工程的实施，三江源地

① 《青海三江源生态保护和建设二期工程规划》以及二期工程建设成效数据资料来源于青海省发改委等有关部门关于《三江源生态保护和建设二期工程规划中期省级自查评估报告》和《二期规划》期终自评报告。

区生态保护和建设成效显著。草原退化趋势得到明显遏制，森林生态功能逐步提高，湿地生态系统面积扩大，荒漠生态系统逐步得到保护，水源涵养功能、固碳能力显著提升，江河径流量逐渐增加，水土保持功能得到提高，生物多样性逐步恢复，生态防护体系具备一定基础，空气质量和地表水水质稳中向好，空气质量优良天数比例在93%以上，三大江河干流国控监测断面水质均在Ⅱ类以上，增草增绿增水成效明显，三江源头重现千湖美景，在巩固国家生态安全屏障、打造坚固而丰沛的“中华水塔”征程上迈出了坚实的步伐。

（一）保护和建设成效显著

二期工程实施后，三江源地区生态系统结构总体上逐渐向良性方向发展。主要表现为水体和湿地生态系统面积局部扩张，荒漠生态系统局部向草地和水体与湿地生态系统转变，草地生态系统退化态势得到明显遏制，中、高覆盖度草地增加，低覆盖度草地减少。二期工程实施以来荒漠生态系统减少了2.65万hm^2，工程区内草地植被盖度较2012年提高了13.6个百分点，恢复速度明显高于工程区外。草地植被盖度75.09%。森林覆盖率由2012年的6.99%提高到了2019年的7.01%，面积较2012年增加了97.06万hm^2，工程区内灌木林平均盖度增加了0.21%，平均高度增加了0.82cm。水体与湿地生态系统中水域面积比例由4.89%增加到5.70%，共增加了34.80万hm^2，湖泊数量和面积均有扩大，平均每年增加73.1km^2，面积较近十年平均增加了6.3%。可治理沙化土地治理率由45%提高到47%，沙化土地面积占区域面积的比例由一期工程实施前的12%降低到6.86%，沙化程度有所降低、面积有所减少。

2019年地表水资源量607.58亿m^3，与多年平均相比增加了41.3%。地表水水质整体上呈“稳中变好”的趋势，以Ⅰ、Ⅱ类水质为主，Ⅱ类以上水质比例已达100%。流域水供给能力基本保持稳定，水源涵养能力有所提高，水源涵养量由2004年的142.49亿m^3提高到2016年的164.71亿m^3，水源涵养量较工程实施前增加了22.22亿m^3，出省年平均径流量164.2亿m^3，年平均增加39.9亿m^3。

1. 生态系统退化得到遏制，森林草原植被覆盖率提高

根据生态本底调查结果，从1970年到2004年实施三江源生态保护和建设工程前，三江源地区持续发生不同程度退化的草地面积占总面积的40.1%，一期工程实施后，天然草地植被覆盖率提高到70%以上，二期工程实施后，草原植被盖度由73%提高到75%，退化草地面积减少2302km^2，实际载畜量减少到1599万羊单位，各类草地厚度、覆盖度和产草量呈上升趋势，严重退化草地生态恢复明显。

2012—2019年，通过实施封山育林、人工造林、现有林管护和中幼林抚育等措施，三江源地区森林覆盖率由6.99%提高到7.01%，各树种郁闭度呈正增长趋势，工程区灌木林平均盖度增加0.21%，平均高度增加0.82cm，森林涵养水源、保持水土的生态效益逐渐释放。除此之外，可治理沙化土地治理率提高到47%，沙化扩大趋势得到初步遏制，流沙侵害公路等现象得到缓解。

2. 湿地与水体生态系统逐渐恢复

与2004年相比，一期工程后三江源全区水体与湿地生态系统面积净增加279.85km^2，增加了9.11%。二期工程实施后，三江源地区水域占比率由4.89%增加到5.70%，封禁治理湿地137.4万亩，湿地监测站植被盖度增长4.67%，样地生物量呈增长趋势，变幅介于2.32~22.80g/m^2，年平均出境水量比2005—2012年平均出境水量增加59.67亿m^3。

二期工程实施以来，4年内三江源地区年平均出境水量达到525.87亿m^3，比2005—2012年一期工程期间年平均出境水量增加59.67亿m^3，水域面积由4.89%增加到5.70%，而且水质始终保持优良。同时，评估结果显示，三江源地表水环境质量为优，监测断面水质在Ⅱ类以上，27个城镇生活饮用水源地水质约达到《生活饮用水卫生标准》（GB 5749—2006），主要城镇环境空气质量达到《环境空气质量标准》（GB 3095—2012）一级标准；土壤环境质量达到《土壤环境质量标准》（GB 15618—1995）一、二级标准。

通过采取围栏、设立封育警示牌等措施，减少了人为干扰，湿地面积显著增加，植被覆盖率逐步提高，湿地生态系统得到了有效保护，湿地功能逐

步增强。

3. 生物多样性增加，生态系统逐渐完善

藏羚、普氏原羚、黑颈鹤等珍稀野生动物种群数量逐年增加，生物多样性逐步恢复；雪豹、金钱豹、豺、斑尾榛鸡等频繁现身三江源地区；澜沧江源头拍摄到河流生态系统的旗舰种欧亚水獭，反映出河流生态系统的健康以及完整性。

生态系统的日益修复促进生物多样性不断丰富，藏羚羊、野牦牛、棕熊、藏野驴、马鹿、黑颈鹤等野生动物种群数量逐年增加，濒危物种频现。据监测，在三江源区域，旗舰物种雪豹种群数量骤增至千只左右，被全球学界公认为世界雪豹分布最密集的区域之一；藏羚羊个体数量从20世纪90年代的2万多只恢复到2017年的6万多只；发现了欧亚水獭、金钱豹等珍稀濒危物种。黄河源园区监测到黑狼等稀有物种。

各类生态系统方面，与一期工程相比，二期重点保护区域生态恢复状况优于非重点保护区。与非自然保护区相比，自然保护区内水体与湿地增加突出，荒漠减小明显，草地减少量和聚落增加量都相对较小。

自然保护区内水体与湿地生态系统增加了291.13km^2，荒漠生态系统减少了266.12km^2；非自然保护区内水体与湿地生态系统增加了17.78km^2，为自然保护区水体与湿地生态系统增加量的1/16，荒漠生态系统增加了0.74km^2。

4. 生态监测网络、生态补偿机制逐步建立

两期规划实施以来，青海生态监测和遥感进入了新阶段，按照整合部门资源、省部省院合作、“天空地一体化”连续监测、综合动态评估的总体思路，成立了青海省生态环境遥感监测中心和6个分中心，设立了“三江源生态监测综合数据平台”，完成了区域生态环境数据元数据库建设、空间数据可视化系统建设、生态环境数据网络发布基础平台建设、生态环境数据管理和汇交平台建设等工作，为区域生态监测数据存储、管理、应用以及生态监测信息发布等工作奠定了基础。目前基本形成了多专业融合、站点互补、地面监测与遥感监测结合、驻测与巡测相结合的三江源生态环境遥感动态监测模式，为三江源工程实施效果评估提供了一定的技术支撑。初步建立了生态监

测技术保障系统，制定了青海省地方标准，确保了生态环境监测及评价在技术上的可操作性及科学性、统一性、完整性。确定了6大类、150多项的生态监测与评价指标体系，初步形成了专业生态监测队伍，完善、提高了各部门的监测能力。

通过实施生态监测和基础地理信息系统建设工程，整合先进监测手段，运用通信传输和信息化技术，实现了三江源地区环境、生态、资源等各类数据的高密度、多要素、全天候、全自动采集，形成了以“3S”技术为支撑、遥感监测与地面监测相结合的三江源综合试验区区域生态监测体系和监测技术保障体系，初步建立了“天空地一体化”的生态环境监测评估体系和数据集成共享机制。

青海省委、省政府认真贯彻落实生态文明体制改革各项部署，在重大政策和体制机制上加强示范、积极试点，开展了三江源生态资产和服务价值核算、绿色绩效考评、监测预警评估机制建设、三江源地区生态保护补偿机制建设等试点，改革成效明显。尤其是先后实施了退耕还林、退牧还草、生态公益林补偿、生态移民补助、湿地生态补助、草原生态保护补助奖励机制等工程和政策，初步建立了三江源地区以中央财政为主、地方财政为辅的生态补偿体系，生态补偿机制得到进一步完善。

5. 生态保护意识显著增强，生态治理模式逐步成熟

三江源生态保护和建设工程的实施，进一步加深了项目区广大干部群众对三江源地区生态保护和建设重大意义的认识。各级领导干部保护生态环境、发展生态环境的责任意识和担当意识进一步增强，当地群众的思想观念进一步转变，“在保护中发展，在发展中保护”的理念深入人心，广大群众由原来的“要我保护”转变为“我要保护”，自觉参与生态保护和修复工作的热情和积极性高涨，为持续深入推进三江源保护奠定了良好的社会基础。

三江源地区通过边实践、边完善、边提高、边推进，在科学规划、综合协调、管理机制、资源整合、科技支撑等方面积累了大量实践经验，探索形成了黑土滩综合治理、牧草补播及草种组合搭配技术、“杨树深栽”技术、“拉格日模式”等一批可借鉴、可复制、可推广、可操作的模式和技术，为全

面推进青藏高原、黄土高原、祁连山脉等重点区域生态保护综合治理工作提供了有益借鉴，为新时代实施重要生态系统保护和修复重大工程、优化生态安全屏障体系提供了好的做法和经验。

（二）生态保护红利持续释放，农牧民生活水平逐步提高

通过生态畜牧业基础设施建设、农村能源建设、技能培训以及退牧还草、草原森林有害生物防控、退化草地治理、水土保持等生态保护工程实施，三江源地区生态优势正逐步转化为发展优势，生态红利溢出效应日益明显。

一方面，绿色生态创造经济效益，如海南州生态畜牧业可持续发展试验区成为全国面积最大的有机畜产品生产基地；生态旅游方面，三江源地区实现旅游总收入 79. 48 亿元，年均增速 20. 75%。另一方面，通过全面落实各项支农惠农政策和各类生态保护政策，设立草原生态公益管护岗位，拓宽了农牧民的就业渠道。促进当地农牧民年人均可支配收入在 2018 年增加到 7300 元，农牧民生活水平明显提高。2019 年，农牧民人均可支配收入持续增加近 9876 元，为 2005 年的 4 倍左右，其中补偿性收入占 70%以上，三江源地区农牧民生活水平明显提高，民众自觉参与生态保护和修复工作的热情和积极性空前高涨。

第十三章

三江源国家公园建设

青海千山堆绣、百川织锦，是“三江之源”“中华水塔”，在国家可持续发展大局中具有突出战略地位，保护好这里的生态环境，事关国家生态安全大局，事关中华民族长远利益和永续发展。党中央、国务院历来高度重视三江源生态保护工作，先后建立三江源国家级自然保护区、启动实施三江源生态保护建设一期和二期工程、设立三江源国家生态保护综合试验区，经过不懈努力，区域生态环境明显好转，生态保护体制机制日益健全，农牧民生产生活水平稳步提高，持续筑牢国家生态安全屏障。

党的十八大以来，在习近平生态文明思想的引领下，青海省委、省政府坚定肩负起保护生态环境的历史责任，2015 年 11 月向中央上报了《三江源国家公园体制试点方案》。12 月 9 日，习近平总书记主持召开中央全面深化改革领导小组会议，审议通过了《三江源国家公园体制试点方案》。2016 年 3 月 5 日，中央办公厅、国务院办公厅正式印发《三江源国家公园体制试点方案》，三江源成为党中央、国务院批复的我国第一个国家公园体制试点。2021 年 10 月，三江源国家公园正式设立，未来，三江源国家公园将建设成为青藏高原大尺度生态保护修复的典范。

一、三江源国家公园概况

三江源国家公园地处青藏高原腹地，平均海拔 4500m，国家公园包括长江源、黄河源、澜沧江源 3 个园区，总面积 12.31 万 km^2，涉及治多、曲麻莱、玛多、杂多 4 县和可可西里自然保护区管辖区域，共 12 个乡镇、53 个行政村。三江源国家公园湖泊众多，多年平均径流量 499 亿 m^3。园区内有国家级重点保护动物 50 种，其中国家一级保护动物有雪豹、金钱豹、野牦牛、白唇鹿、藏羚等 15 种，国家二级重点保护动物 35 种。园区范围内有少量的牧民，基本为藏族，在历史进程中形成了逐水草而居的生产生活方式。国家公园所涉 4 县属经济社会欠发达地区，地方财政以中央财政转移支付为主。

二、三江源国家公园生态保护成效

（一）打破“九龙治水”制约

曾经，三江源因多部门交叉管理、执法监管碎片化等“九龙治水”式制约使治水成效大打“折扣”。2016 年，随着《三江源国家公园体制试点方案》的实施，着力破解“九龙治水”，在无路径可复、无经验可循的情况下，青海省在实践中走出了具有三江源特色的治水路径。首先就是坚持优化整合、统一规范，突破条块分割、管理分散、各自为政的传统模式。2016 年青海省成立了三江源国家公园管理局，下设长江源、黄河源、澜沧江源三个园区管委会，并派出治多、曲麻莱和可可西里三个管理处，明确权责关系，从根本上解决了政出多门、职能交叉、职责分割的管理体制弊端。青海省整合果洛藏族自治州玛多县和玉树藏族自治州治多县、杂多县和曲麻莱县的林业、国土、环保、水利、农牧等部门的生态保护管理职责，设立生态环境和自然资源管理局，整合林业站、草原工作站、水土保持站、湿地保护站等设立生态保护站，国家公园范围内的 12 个乡镇政府挂保护管理站牌子，增加国家公园相关管理职责。此外，青海省积极开展自然资源资产管理体制试点，组建成立三江源国有自然资源资产管理局和管理分局，积极探索自然资源资产管理与国土空间用途管制“两个统一行使”的有效实现途径，将三江源国家公园全部自然资源统一确权登记为国家所有。

如今，三江源国家公园范围内的自然保护区、重要湿地等各类保护地功能重组，实现了整体保护、系统修复、一体化管理。在一系列原创性改革中，“九龙治水”的局面被打破，执法监管“碎片化”问题得到彻底解决，自然资源所有权和行政管理权关系被理顺，走出了一条富有青海特色的治水之路。

（二）“一户一岗”制度逐渐成熟

建立牧民参与共建机制，夯实生态环境保护的群众基础。准确把握牧民群众脱贫致富与国家公园生态保护的关系，创新建立并实施生态管护公益性岗位机制，全面实现了园区“一户一岗”，共有 17211 名生态管护员持证上岗，三年来共投入资金 4.34 亿元，户均年收入增加 21600 元，并为其统筹购买了意外伤害保险，为牧民脱贫解困、巩固减贫成果发挥了保底作用。推进山水林草湖组织化管护、网格化巡查，组建了乡镇管护站、村级管护队和管护小分队，构建远距离“点成线、网成面”管护体系，使牧民逐步由草原利用者转变为生态管护者，促进人的发展与生态环境和谐共生。青海省开设了“三江源生态班”，招收三江源地区 42 名牧民子弟开展为期三年的中职学历教育；对园区内外 9000 余人次开展民族手工艺品加工、民间艺术技能、农业技术等技能培训，并积极开展特许经营试点；在澜沧江源园区昂赛大峡谷开展生态体验项目特许经营试点，2019 年共接待国内外生态体验团队 98 个，体验访客 302 人次，实现经营收入 101 万元。这些措施、办法、制度使牧民逐步由原来的草原利用者转变为如今的生态保护者；他们在三江源生态保护中，对野生动物保护、自然资源保护、生态环境保护，都起到了非常大的作用。

（三）功能区规划

三江源国家公园包括长江源、黄河源、澜沧江源 3 个园区，总面积 12.31 万 km^2。保护地主要依据生态系统类型和保护目标跨行政区域划定，以行业管理为主，与地方行政管理脱节，管理体制不顺、权责不清，管理不到位和多头管理问题突出。为改变政出多门，实行统一管控，必须打破原有各类保护地界线，重新科学合理确定功能分区。

1. 一级功能分区

按照各类保护地管控要求，结合现状评价成果，突出更加严格保护要求，对地理区域和生态功能“双统筹”，划分为核心保育区、生态保育修复区、传统利用区 3 个“一级功能分区”，在《三江源国家公园总体规划》中明确了这一任务（见表 13-1）。

（1）核心保育区。总面积 90570.25km^2，占三江源国家公园面积的

73.55%，以自然保护区的核心区和缓冲区范围为基线，包括三江源国家级自然保护区扎陵湖—鄂陵湖、星星海、索加—曲麻河、果宗木查和昂赛5个保护分区和可可西里国家级自然保护区的全部核心区、99%以上的缓冲区。同时，衔接区域内自然遗产提名地、国际和国家重要湿地核心区域和国家级水产种质资源保护区、国家水利风景区等核心区边界，纳入野生动物关键栖息地等，包括三江源和可可西里国家级自然保护区2316.01km^{2}的实验区、43177.77km^{2}的缓冲区、41711.49km^{2}的核心区和3364.98km^{2}的非自然保护区。

（2）生态保育修复区。总面积5923.99km^2，占三江源国家公园面积的4.81%，包括三江源国家级自然保护区扎陵湖—鄂陵湖、星星海、索加—曲麻河、果宗木查和昂赛5个保护分区5527.28km^{2}的实验区和396.71km^{2}的非自然保护区。

（3）传统利用区。总面积26647.16km^2，占三江源国家公园面积的21.64%，是国家公园核心保育区和生态修复区以外的区域。包括三江源国家级自然保护区扎陵湖—鄂陵湖、星星海、索加—曲麻河、果宗木查、昂赛5个保护分区和可可西里国家级自然保护区2088.96km^{2}的缓冲区、21761.59km^{2}的实验区和2796.61km^{2}的非自然保护区。

表13-1　三江源国家公园一级功能分区

三江源国家公园功能分区			与自然保护区关系	
功能区	面积（km^2）	比例（%）	功能区	面积（km^2）
核心保育区	90570.25	73.55	核心区	41711.49
			缓冲区	43177.77
			实验区	2316.01
			非自然保护区	3364.98
生态保育修复区	5923.99	4.81	核心区	0
			缓冲区	0
			实验区	5527.28
			非自然保护区	396.71

续表

三江源国家公园功能分区			与自然保护区关系	
功能区	面积（km^2）	比例（%）	功能区	面积（km^2）
传统利用区	26647.16	21.64	核心区	0
			缓冲区	2088.96
			实验区	21761.59
			非自然保护区	2796.61
合计	123141.40	100		123141.38

2. 二级功能分区

在对现状调查基础上，对核心保育区、传统利用区、生态保育修复区3个一级分区开展二级功能分区，用于落实具体管控措施，加强生态系统完整保护，实现一级分区确定的空间管控目标。在《三江源国家公园生态保护专项规划》中进一步明确了这一任务（见表13-2）。

（1）核心保育区。根据重点物种栖息地、生态脆弱性、生态系统服务重要性，将核心保育区划分为特别保护地、特别栖息地和自然保育区。

（2）传统利用区。根据生态保护要求和生态畜牧业生产需要、村落分布和草原承包经营权界限等情况，将传统利用区划分为人类活动控制区和划区轮牧区。

（3）生态保育修复区。在生态系统和生态过程评价的基础上，按照退化成因，结合三江源生态保护和建设一期、二期工程实施进展，将集中分布的沙地、黑土滩和其他中重度退化草地划为保育修复区。

表13-2　三江源国家公园二级功能分区统计

园区	面积（km^2）	一级分区	面积（km^2）	二级分区	面积（km^2）
长江源园区	90321.49	核心保育区	75519.48	特别保护地	743.12
				特别栖息地	8894.70
				自然保育区	65881.66
		传统利用区	9339.12	人类活动控制区	3200.38
				划区轮牧区	6138.74
		生态保育修复区	5462.89	保育修复区	5462.89

续表

园区	面积（km^2）	一级分区	面积（km^2）	二级分区	面积（km^2）
黄河源园区	19083.13	核心保育区	8583.85	特别保护地	1296.22
				自然保育区	7287.63
		传统利用区	7654.15	划区轮牧区	7654.15
		生态保育修复区	2845.13	保育修复区	2845.13
澜沧江源园区	13736.19	核心保育区	6343.28	特别栖息地	4318.27
				自然保育区	2025.01
		传统利用区	3931.87	划区轮牧区	3931.87
		生态保育修复区	3461.04	保育修复区	3461.04

注：为将二级分区的管控措施落实到地块且易于识别，在《三江源国家公园生态保护专项规划》中对《三江源国家公园总体规划》划定的一级功能分区进行了优化调整。

3. 严格空间管控

（1）整体纳入生态保护红线管控。中央办公厅、国务院办公厅印发的《建立国家公园体制试点总体方案》要求，国家公园是我国自然保护地最重要的类型之一，属于国家主体功能区规划中的禁止开发区域，纳入全国生态保护红线区域管控范围，实行最严格的保护。国家公园的首要功能是对重要自然生态系统的原真性、完整性保护，同时兼具科研、教育、游憩等综合功能。2018 年 3 月，《青海省生态保护红线划定方案》将三江源国家公园 12.31 万 km^2 面积，划入全省生态保护红线范围，占全省红线划定范围的 38.11%。

（2）一级分区管控目标。首先是核心保育区。该区域采取严格保护的政策，重点保护好雪山冰川、江源河流、湖泊、湿地、草原草甸和森林灌丛，着力提高水源涵养、生物多样性和水土保持等服务功能。维护大面积原始生态系统的原真性，限制人类活动。其次是传统利用区。该区域生态状况总体稳定，是当地牧民的传统生活、生产空间，是承接核心保育区人口、产业转移与区外缓冲的地带。将乡镇政府所在地和社区、村落现状建设用地等生活区域，以及铁路、国省干道公路划定建设用地限制线，加以严格管控；其他区域严格落实草畜平衡政策，适度发展有机畜牧业，进一步减轻草原载畜压力，加快牧民转产转业，逐步减少人类活动。最后是生态保育修复区。该区域以亟须修复的退化、沙化草地为主，强化自然恢复和实施禁牧等必要的人工干预措施，待恢复后再适度开展休牧、轮牧形式的科学利用，以维护高寒生态系统持续健康稳定，全面提高水源涵养功能。

（3）二级分区管控措施。特别保护地。保护青藏高原长丝裂腹鱼、裸腹叶须鱼、花斑裸鲤、极边扁咽齿鱼等特有鱼类；保护和恢复国际重要湿地和国家重要湿地，改善水禽栖息地和湿地水质，逐步恢复湿地生物多样性，发挥湿地的多重生态功能。实施河湖和湿地永久封禁保护，进行科研调查活动需经过批准；禁止放生和放流活动；建立河长制/湖长制，禁止建立排污口。

4. 严格准入审查

以《中华人民共和国自然保护区条例》《中华人民共和国野生动物保护法》《三江源国家公园条例（试行）》等法律法规为准绳，根据《三江源国家公园总体规划》功能区划原则和管控措施要求，按照《三江源国家公园功能分区管控办法（试行）》的规定，在三江源国家公园范围内修筑设施、科研科考等准入审查方面进行严格管理。一方面，按照“依法依规，科学合理”的原则，严格按照法律法规相关规定和程序进行准入审查。另一方面，充分考虑三江源国家公园总体布局，兼顾历史遗留问题和当地经济社会发展、脱贫攻坚、抗灾救灾、民生改善的实际需求，妥善处理发展与保护之间的关系。目前，对涉及国家公园范围传统利用区内的牧民群众民生改善、脱贫攻坚设施修筑，认真执行国家林业和草原局50号令和《三江源国家公园条例（试行）》相关规定。

（四）生态修复成效

1. 水体与湿地生态系统面积逐年扩大

青海三江源每年向下游地区输送的清洁水源超过600亿m^3，正是三江源生态环境的独特性和稀缺性成就了这些源头活水。随着三江源生态保护与建设二期工程深入实施、三江源国家公园体制试点的设立，三江源区域的湖泊、湿地面积增大，湿地与水体生态系统有所恢复，三江源地区水体与湿地生态系统面积净增加308.91km^2，水源涵养量年均增幅达6%以上，三江源国家公园区域水资源总量为96.54亿m^3，地下水资源量为36.33亿m^3。根据遥感监测，三江源国家公园水体与湿地生态系统面积占区域总面积的22.91%。有着“千湖之县”美誉的果洛州玛多县，境内最大的扎陵湖和鄂陵湖近几年的面积不断扩大，全县湖泊数量从4077个增加到近两年的5050个，湖泊数量达到近年来最多。“千湖之县”美景重现。

2. 土地植被覆盖度逐年上升

根据遥感监测，三江源国家公园草地和森林生态系统面积占区域总面积的69.71%。草地覆盖率、产草量分别比十年前提高11%、30%以上。2018年，区域草地植被平均高度、盖度、产草量较上年均有所增长，草地植被盖度较上年提高27.31%，草层平均高度较上年提高0.84cm，总产草量较上年平均提高13.29%。区域内圆柏样地郁闭度、蓄积量均呈缓慢正增长趋势，灌木林总体处于增长态势，各树种的蓄积量呈缓慢增长趋势；沙化土地植被高度、覆度、生物量与往年总体持平、略有增长；湿地植被盖度、生物量较上年略有增长。

3. 野生动物资源得到有效保护

2016年，启动了三江源国家公园野生动物本底调查，形成了《三江源国家公园野生动物物种名录》，利用科学手段绘制了《长江源园区、黄河源园区和澜沧江源园区重要物种分布图》。目前，青海省兽类共有103种，三江源国家公园分布的兽类占青海省的60.19%；青海全省共有鸟类380种，三江源国家公园分布的鸟类占比达51.58%。

三江源国家公园是全球少有的大型、珍稀、濒危野生动物主要集中分布区之一，随着栖息地保护、巡护、监测和专项执法等保护行动和管护措施的加强，野生动物种群数量呈较快上升趋势，生物多样性得到保护。监测区域内黑颈鹤、斑头雁等鸟类以及藏野驴、藏原羚等种群数量不断增加。藏狐、赤狐和高原鼠兔等小型哺乳动物则广泛分布于三江源国家公园内，狼和藏棕熊也属于公园内的常见物种。2020年2月13日，青海省玉树藏族自治州治多县多彩乡达生村境内记录到国家二级重点保护动物鬣羚，目前鬣羚在治多县被记录到尚属首次。雪豹处于三江源地区野生动物食物链顶端位置，是三江源国家公园内的旗舰物种，活动于海拔3500m以上的高山裸岩地带和雪线附近，近年来出没范围和频度大为增加。

4. 生态监测网络基本建立，信息化水平显著提高

三江源国家公园体制试点以来，进一步强化工作机制，建设生态环境大数据中心，为三江源地区，特别是园区内生态保护、自然资源管理、绩效考评等提供支持，为园区功能区划动态管理提供依据。目前，三江源国家公园共建成综合监测站 7 个，草地监测站点 31 个，森林监测站点 2 个，沙化土地监测站点 26 个，湿地基础监测站点 5 个，水文水资源监测站点 2 个，水土保持监测站点 2 个，气象要素监测站点 398 个，环境空气质量监测站点 1 个，地表监测断面 6 个，土壤环境质量监测站点 7 个。

（五）完善体制机制，护航国家公园建设持续推进

对 3 个园区所涉区域进行大部门制改革，精简地方政府组成部门，形成了园区管委会与地方政府合理分工、有序合作的良好格局，从根本上解决政出多门、职能交叉、职责分割的管理体制弊端。编制发布了我国第一个国家公园规划——《三江源国家公园总体规划》，编制了三江源国家公园生态保护、管理、社区发展与基础设施等五个专项规划。依程序颁布施行了《三江源国家公园条例（试行）》，印发了三江源国家公园科研科普、生态管护公益性岗位等 12 个管理办法。依据现有相关国家标准、行业和地方标准，编制发布了《三江源国家公园管理规范和技术标准指南》，明确了当前国家公园建设管理工作执行标准和参照标准。开展三江源自然资源和野生动物资源本底调查，建立了三江源资源本底数据平台，发布了三江源国家公园自然资源本底白皮书。可可西里获准列入《世界遗产名录》。实施三江源国家公园生态大数据中心建设项目，充分应用最新卫星遥感技术开展全域生态监测。

面向世界开放建园，强化国际合作交流和宣传推介。组织中央主流媒体推出系列报道 2000 多篇，与全国 54 家媒体联合开展“三江源国家公园全国媒体行”大型采访活动，征集确定并发布了三江源国家公园形象标志和识别系统。完成了《中华水塔》《绿色江源》两部纪录片以及 19 部国家公园广告片的拍摄、制作和播出，特别是《中华水塔》兼获全国十佳纪录片奖和最佳摄影奖。开放建园，合作交流和宣传推介，作为践行生态文明理念的重要战

场，青藏高原大尺度生态保护修复的典范，青海三江源区在全国乃至世界的影响也会越来越深远。

三江源国家公园将打造成中国生态文明建设的名片、生态系统原真保护样板、高寒生物自然种质资源库、野生动物天堂、生态体验和环境教育平台、生态环境科研基地、应对和适应气候变化窗口、留予子孙后代的一方“净土”，向全世界展示面积最大、海拔最高、自然风貌大美、生态功能稳定、民族文化独特、人与自然和谐的国家公园。

参考文献

［1］戴维·皮尔斯，杰瑞米·沃福德．世界无末日：经济学、环境与可持续发展［M］．张世秋，等，译．北京：中国财政经济出版社，1996：116-124.

［2］张培刚．微观经济学的产生和发展［M］．长沙：湖南人民出版社，1997：294-319.

［3］青海省农业资源区划办公室．青海土壤［M］．北京：中国农业出版社，1997：414.

［4］晏智杰．劳动价值学说新探［M］．北京：北京大学出版社，2001.

［5］《三江源自然保护区生态环境》编委会．三江源自然保护区生态环境［M］．西宁：青海人民出版社，2002.

［6］赵士洞，张永民，赖鹏飞，译．千年生态系统评估报告集（一）［M］．北京：中国环境科学出版社，2008.

［7］李文华，等．生态系统服务功能价值评价的理论、方法与运用［M］．北京：中国人民大学出版社，2008.

［8］孙发平，曾贤刚，等．中国三江源区生态价值及补充机制研究［M］．北京：中国环境科学出版社，2008.

［9］刘青，胡振鹏．江河源区生态系统价值补偿机制［M］．北京：科学出版社，2012.

［10］［美］汤姆·蒂滕伯格．环境与自然资源经济学［M］．金志农，余发新，等，译．北京：中国人民大学出版社，2011.

［11］邵全琴，樊江文，等．三江源区生态系统综合监测与评估［M］．北京：科学出版社，2012.

［12］［美］赫尔曼·E. 戴利，乔舒亚·法利．生态经济学［M］. 金志农，等，译．北京：中国人民大学出版社，2013.

［13］赵玲．生态经济学［M］. 北京：中国经济出版社，2013.

［14］中共中央宣传部．习近平总书记系列重要讲话读本［M］. 北京：学习出版社，人民出版社，2014.

［15］国家林业局．森林生态系统服务功能评估规范（LY/T 1721-2008）［M］. 北京：中国标准出版社，2008.

［16］蔡宁，郭斌．从环境资源稀缺性到可持续发展——西方环境经济理论的发展变迁［J］. 经济科学，1996（6）：59-66.

［17］Pimentel D，Wilson C，McCullum C，et al. Economic andenvironmental benefits of Biodiversity［J］. BioScience，1997，47（11）：747-757.

［18］陈仲新，张新时．中国生态系统效益的价值［J］. 科学通报，2000（1）：17-22.

［19］卢远，华璀．广西 1990—2002 年生态足迹动态分析［J］. 中国人口·资源与环境，2002，14（3）：49-53.

［20］谢高地，鲁春富，肖玉，等．青藏高原高寒草地生态系统服务价值评估［J］. 山地学报，2003（1）：50-55.

［21］Costanza R，d'Arge R，de Groot R，et al. The value of the world's ecosystem services and nature capital［J］. Nature，1997（387）：253-260.

［22］谢高地，鲁春霞，冷允法，等．青藏高原生态资产的价值评估［J］. 自然资源学报，2003（2）：189-196.

［23］赵金成，高志峰．当前森林保育土壤价值核算方法中存在的问题［J］. 林业经济，2003（2）：54-55.

［24］汪诗平．青海省“三江源”地区植被退化原因及其保护策略［J］. 草业学报，2003，12（6）：1-9.

［25］刘宇辉，彭希哲．中国历年生态足迹计算与发展可持续性评估［J］. 生态学报，2004（10）：2257-2262.

［26］靳芳，鲁绍伟，余新晓，等．中国森林生态系统服务功能及其价值评价［J］. 应用生态学报，2005（8）：1531-1536.

[27] 刘敏超，李迪强，温琰茂，等. 三江源地区生态系统生态功能分析及其价值评估 [J]. 环境科学学报，2005（9）：1280-1286.

[28] 李大雁. “绿色 GDP”战略与我国经济的可持续发展 [J]. 北京教育学院学报，2006，20（3）：20-24.

[29] 张永利，杨峰伟，鲁绍伟. 青海省森林生态系统服务功能价值评估 [J]. 东北林业大学学报，2007，35（11）：74-76+88.

[30] 徐新良，刘纪远，邵全琴，等. 30 年来青海三江源生态系统格局和空间结构动态变化 [J]. 地理研究，2008（7）：829-838+974.

[31] 谢新源，陈悠，李振山. 国内外生态足迹研究进展 [J]. 四川环境，2008（2）：2008（1）：66-72.

[32] 谌伟，李小平，孙从军，等. 1999—2005 年上海市纵向时间序列生态足迹分析 [J]. 生态环境，2008（1）：422-427.

[33] 谢高地，甄霖，鲁春霞，等. 一个基于专家知识的生态系统服务价值化方法 [J]. 自然资源学报，2008，（5）：911-919.

[34] 徐冰，赵淑银. 基于生态足迹的半干旱牧区生态承载力分析 [J]. 中国水利水电科学研究院学报，2009，7（1）：76-79.

[35] 刘纪远，邵全琴，樊江文. 三江源区草地生态系统综合评估指标体系 [J]. 环境科学学报，2009，28（2）：273-283.

[36] 李忠魁，张敏，赵建新. 西藏森林资源价值的动态评估 [J]. 水土保持研究，2009（10）：181-185.

[37] 李飞，宋玉祥，刘文新，等. 生态足迹与生态承载力动态变化研究——以辽宁省为例 [J]. 生态环境学报，2010，19（3）：718-723.

[38] 欧阳志云. 三江源生态问题研究的重大突破——评《中国三江源区生态价值及补偿机制研究 [J]. 青海社会科学，2010（2）：201-202.

[39] 谢正宇，李文华，谢正君，等. 艾比湖湿地自然保护区生态系统服务功能价值评估 [J]. 干旱区地理，2011，34（3）：532-540.

[40] 薛天云，许长军，韩有文. 应用 RS 对三江源地区生态安全评价研究 [J]. 测绘与空间地理信息，2011，34（6）：127-128+131.

[41] 巴毛文毛，公保才让. 基于生态足迹的三江源地区草原生态可持续

发展定量评估——以青海省同德县为例［J］. 黑龙江畜牧兽医报，2012 (30)：88-91.

［42］石凡涛，马仁萍 . 三江源地区草地生态系统功能分析［J］. 草业与畜牧，2012（8）：33-35+57.

［43］Xiaobin Dong，Weilcun Yang，Sergio Ulgiati. The impact of humanactivities on natural capitalan ecosystem services of naturan North Xinjiang，China［J］. Ecological Modelling，2012，225（1）：28-29.

［44］陈晨，夏显力 . 基于生态足迹模型的西部资源型城市可持续发展评价［J］. 水土保持研究，2012（2）：197-201.

［45］赖敏，吴绍洪，戴尔阜，等 . 三江源区生态系统间接使用价值评估［J］. 自然资源学报，2013，28（1）：38-50.

［46］郑晖，石培基，何娟娟 . 甘肃省生态足迹与生态承载力动态分析［J］. 干旱区资源与环境，2013，27（10）：13-17.

［47］白秀梅，等 . 关帝山 3 种典型针叶林枯落物及林地土壤持水能力研究［J］. 山西农业科学，2014，42（3）：260-263.

［48］秦嘉龙，刘玉 . 三江源湿地生态效益补偿的核算与评价［J］. 会计之友，2014（5）：75-81.

［49］熊传合，杨德刚，等 . 新疆经济生态系统可持续发展空间格局［J］. 生态学，2015，35（10）：3428-3436.

［50］徐文煦，马阿滨，赵眉芳 . 我国森林生态系统价值评估研究现状及展望［J］. 林业勘察设计，2015（2）：1-5.

［51］谢高地，张彩霞，张雷明，等 . 基于单位面积价值当量因子的生态系统服务价值化方法改进［J］. 自然资源学报，2015（8）：1243-1254.

［52］刘宇楠，高欢欢 . 生态价值观的理论嬗变与实践演进［J］. 创新，2016（2）：63-69.

［53］李永金 . 三江源地区森林资源生态保护中存在的问题及研究——以青海省玉树藏族自治州为例［J］. 安徽农业科学，2016，44（4）：216-218.

［54］Wackernagel M，Rees W E. Our ecological footprint reducing human impact on the earth［M］. Gabriola Island：New Society Publishers，1996：61-83.

[55] 魏晓燕，毛旭锋，刘小君，等．三江源区藏族移民的生态补偿研究——基于生命周期视角下的生态足迹方法 [J]．林业经济问题，2016 (3)：38-43.

[56] 赵先贵，马彩虹．生态文明视角下四川省资源环境压力的时空变化特征 [J]．中国生态农业学报，2016，24 (1)：121-130.

[57] 胡正李，葛建平，韩爱萍．中国大都市生态足迹的比较研究——以北京、上海、天津和重庆为例 [J]．经济与管理科学，2017 (2)：90-99.

[58] 沈伟腾，胡求光．浙江省生态足迹测算及其时空分异特征分析 [J]．科技与管理，2017 (3)：11-17.

[59] 李芬，张林波，舒俭民，等．三江源区生态产品价值核算 [J]．科技导报，2017，35 (6)：120-124.

[60] 吴朝阳，周璨．我国绿色发展中的生态效益问题研究——基于生态足迹的绿色发展评价模型改进 [J]．价格理论与实践，2017 (21)：35-47.

[61] 冯银，成金华，申俊．中国省域能源生态足迹空间效应研究 [J]．中国地质大学学报，2017 (3)：91-102.

[62] 张志雄，孙才智．中国水生态足迹广度、深度评价及空间格局 [J]．生态学报，2017 (21)：35-47.

[63] 杨海平，温焜．基于生态足迹理论的内蒙古生态承载力评价 [J]．水土保持研究，2017，24 (4)：153-157.

[64] 付银，张玉彪，唐佳，等．贵阳市生态足迹与生态安全研究 [J]．贵州科学，2018 (1)：54-62.

[65] 玉梅，田桐羽，都来．基于生态足迹的内蒙古自治区可持续发展动态分析 [J]．当代经济，2018，2 (3)：61-63.

[66] 路秋玲，等．三江源自然保护区森林植被层碳储量及碳密度研究 [J]．林业资源管理，2018 (4)：146-153.

[67] 徐小玲．三江源地区生态脆弱变化及经济与生态互动发展模式研究 [D]．西安：陕西师范大学，2007.

[68] 高雅灵，林慧龙，等．三江源地区可持续发展的生态足迹 [J]．草业科学，2019，36 (1)：11-19.

［69］蔡细平．生态公益林项目评价研究——理论、方法与实践［D］．杭州：浙江大学，2009.

［70］崔向慧．陆地生态系统服务功能及其价值评估——以中国荒漠生态系统为例［D］．北京：中国林业科学研究院，2009.

［71］李磊娟．三江源区生态系统服务价值评价研究［D］．西宁：青海大学，2015.

［72］童李霞．三江源草地生态系统服务价值遥感估算研究［D］．青岛：山东科技大学，2017.

［73］国家发展改革委关于印发青海三江源生态保护和建设二期工程规划的通知（发改农经〔2014〕37 号）［EB/OL］．2014 - 01 - 08. http：//njs. ndrc. gov. cn/gzdt/201404/t20140411_ 606746. html.

［74］青海省生态保护和建设办公室编．青海省三江源生态保护和建设一期工程验收资料汇编［Z］．2016-08.

附录一

青海省三江源区生态环境保护调查问卷

尊敬的女士/先生：

您好，我是青海省三江源区生态价值评估和价值补偿的调查员，我们正在进行一项关于“保护三江源区生态环境”的调查研究，很需要您的宝贵意见。希望您在百忙之中抽出一点时间来帮助我们完成这项工作，对您的支持和帮助我们表示衷心的感谢。您填写的资料会严格保密不向外泄露。

谢谢您的合作!

被访者地址：____________省____________（市）____________区（县）____________街道（乡镇）____________居委会（村）

访问日期：____________ 访问时间：____________

三江源区简介

三江源区位于青海省南部，青藏高原腹地，海拔 3450~6621m，总面积 39.5 万 km^2，是孕育滋养中华民族千万年的长江、黄河、澜沧江三大河流的发源地，也是全国海拔最高、类型最齐全、影响范围最广的水源涵养生态功能区，素有“江河源”“中华水塔”“亚洲水塔”之称。近些年来，由于人类活动及气候变化等因素，冰川、雪山逐年萎缩，草场、湿地逐渐退化，直接影响高原湖泊和湿地的水源补给，生态环境已十分脆弱。所以，“绿水青山就是金山银山”，明确三江源区生态系统服务价值，切实保护好三江源区自然生态环境对维系我国长江、黄河流域乃至东南亚诸国的生态安全具有极其重要的现实意义。

问卷部分
（多数问题请在您选择的项目后面直接打钩）

1. 您的性别和年龄

男	女
18～30 岁	18～30 岁
31～45 岁	31～45 岁
46～60 岁	46～60 岁
61 岁以上	61 岁以上

2. 您的文化程度和职业

没有受过正式教育	事业单位/公务员/政府工作人员
小学	公司职员/服务员/司机/售货员等
初中	自由职业者（作家/艺术家/摄影师/导游等）
高中（包括职高/中专技校）	工人（工厂工人/建筑工人/城市环卫工人等）
大学专科	商人/雇主/小商贩/个体户等
大学本科	农民/农民工
研究生（硕士以上）	无业/失业
	其他

3. 您目前的工作状况

全职工作
工作不稳定（临时或兼职工作）
下岗或待业
离退休或病休
大中专学生/研究生

4. 您目前平均月收入（包括所有奖金、工资、津贴等）

没有收入
1000元以下
1001~3000元
3001~6000元
6001~9000元
9001~15000元
15001元以上

5. 您对青海省三江源的了解程度

很了解
比较了解
一般（通过报纸、广播、电视等各种媒体了解一些）
有点印象（仅仅听说过）
从没有听说过

6. 您对三江源区的关注程度

非常关注（或以前去过三江源区）
比较关注（很希望去并已有了具体计划）
一般（希望有机会去三江源区）
基本不会去关注（无所谓）
完全不关注（不会去三江源区）

7. 对整个国家来说，您认为三江源区生态环境的重要程度

非常重要
比较重要
一般
不太重要
一点儿也不重要

8. 您认为三江源区的地方政府和当地居民是否为保护环境付出了代价？如果付出了代价是否需要补偿？

是否付出了代价	是否需要补偿
是	是
否	否

9. 如果您打算去三江源旅游，假设不考虑门票，那么您个人愿意花多少钱去呢？

1000 元及以下
1001～2000 元
2001～3000 元
3001～4000 元
4001～5000 元
5001～6000 元
6001～7000 元
7001～8000 元
8001～9000 元
9001～10000 元
10001 元及以上

10. 为了维持三江源区的良好生态环境需要您每年支付一定的费用，请问，您愿意吗？

愿意
不愿意

11. 如果愿意为三江源良好的生态环境支付费用，您个人每年愿意支付的费用是多少？

0.5 元以下	201~300 元
0.6~5.0 元	301~400 元
5.1~10.0 元	401~500 元
11~30 元	501~600 元
31~50 元	601~700 元
51~70 元	701~800 元
71~100 元	801~900 元
101~200 元	901 元以上

12. 如果您愿意支付，您认为哪种支付方式比较好？

直接以现金形式捐献到国家有关保护机构并委托专用
直接以现金形式捐献到三江源管理机构
愿意包含在旅游景区或景点以门票的形式支付
以纳税的形式上缴国家统一支配
其他形式（请说明）

13. 请问您支付费用的原因是什么？（可多选）并请按照您认为的重要程度从大到小填写 1、2、3……

为了使三江源区独特的自然风光和文化永远存在下去，因为三江源是长江、黄河的发源地，对我有直接的影响
为将三江源区生态资源及其独特文化作为一份遗产保留给子孙后代
为自己或他人在将来能够有选择性地开发利用三江源区生态资源

14. 如果您不想支付费用，主要原因是什么？（可多选）并请按照您认为的重要程度从大到小填写 1、2、3……

收入低，没有经济支付能力	
三江源距离我太远，它的存在与保护与我没有关系	
应由国家和政府承担，不该个人支付	
担心所支付的费用用不到三江源生态环境保护上	
这种支付没有意义或对生态环境保护不感兴趣	
其他原因（请说明）	

15. 为保护三江源区的生态环境，中国政府将加大投资力度进行三江源区的生态建设和环境保护，请问，您对这项政策的态度是怎样的呢？

非常支持
比较支持
一般（支持不支持无所谓）
不太支持
根本不支持

16. 您对青海省三江源区的生态建设和环境保护有哪些建议呢？

____

____

____

____

____

衷心感谢您的理解与支持！

附录二

青海省三江源区生态环境保护调查问卷结果

1. 您的性别和年龄［单选题］

选项	小计	比例
1. 男	785	51.61%
2. 女	736	48.39%
本题有效填写人次	1521	

2. 您的年龄［单选题］

选项	小计	比例
1. 18~30 岁	885	58.19%
2. 31~45 岁	320	21.04%
3. 46~60 岁	298	19.59%
4. 61 岁及以上	18	1.18%
本题有效填写人次	1521	

3. 您的文化程度［单选题］

选项	小计	比例
1. 未受过正式教育	11	0.72%
2. 小学	10	0.66%
3. 初中	59	3.88%
4. 高中（包括职高/中专技校）	115	7.56%
5. 大专	189	12.43%

续表

选项	小计	比例
6. 大学本科	799	52.53%
7. 研究生（硕士及以上）	338	22.22%
本题有效填写人次	1521	

4. 您目前的职业［单选题］

选项	小计	比例
1. 事业单位/公务员/政府工作人员	441	28.99%
2. 公司职员/服务员/司机/售货员等	245	16.11%
3. 自由职业者（作家/艺术家/摄影师/导游等）	35	2.3%
4. 工人（工厂工人/建筑工人/城市环卫工人等）	67	4.4%
5. 商人/雇主/小商贩/个体户等	43	2.83%
6. 农民/农民工	52	3.42%
7. 无业/失业	80	5.26%
8. 其他	558	36.69%
本题有效填写人次	1521	

5. 您目前的工作状况［单选题］

选项	小计	比例
1. 全职工作	520	34.19%
2. 工作不稳定（临时或兼职工作）	807	53.06%
3. 下岗或待业	118	7.76%
4. 离退休或病休	28	1.84%
5. 大中专学生/研究生	48	3.16%
本题有效填写人次	1521	

6. 您目前平均月收入（包括所有奖金、工资、津贴等）[单选题]

选项	小计	比例
1. 没有收入	449	29.52%
2. 1000 元及以下	101	6.64%
3. 1001~3000 元	187	12.29%
4. 3001~6000 元	361	23.73%
5. 6001~9000 元	275	18.08%
6. 9001~15000 元	99	6.51%
7. 15001 元及以上	49	3.22%
本题有效填写人次	1521	

7. 您对青海省三江源的了解程度［单选题］

选项	小计	比例
1. 很了解	135	8.88%
2. 比较了解	390	25.64%
3. 一般（通过报纸、广播、电视等各种媒体了解一些）	607	39.91%
4. 有点印象（仅仅听说过）	292	19.2%
5. 从没有听说过	97	6.38%
本题有效填写人次	1521	

8. 您对三江源区的关注程度［单选题］

选项	小计	比例
1. 非常关注（或以前去过三江源区）	275	18.08%
2. 比较关注（很希望去并已有了具体计划）	304	19.99%
3. 一般（希望有机会去三江源区）	760	49.97%
4. 基本不会去关注（无所谓）	112	7.36%
5. 完全不关注（不会去三江源区）	70	4.6%
本题有效填写人次	1521	

9. 如果您打算去三江源旅游，假设不考虑门票，那么您个人愿意花多少钱去呢？［单选题］

选项	小计	比例
1. 1000 元以下	538	35.37%
2. 1001～2000 元	363	23.87%
3. 2001～3000 元	250	16.44%
4. 3001～4000 元	131	8.61%
5. 4001～5000 元	116	7.63%
6. 5001～6000 元	56	3.68%
7. 6001～7000 元	13	0.85%
8. 7001～8000 元	8	0.53%
9. 8001～9000 元	2	0.13%
10. 9001～10000 元	12	0.79%
11. 10001 元以上	32	2.1%
本题有效填写人次	1521	

10. 对整个国家来说，您认为三江源区生态环境的重要程度［单选题］

选项	小计	比例
1. 非常重要	1175	77.25%
2. 比较重要	273	17.95%
3. 一般	58	3.81%
4. 不太重要	5	0.33%
5. 一点儿也不重要	10	0.66%
本题有效填写人次	1521	

11. 为保护三江源区的生态环境，中国政府将加大投资力度进行三江源区的生态建设和环境保护，请问，您对这项政策的态度是怎样的呢？[单选题]

选项	小计	比例
1. 非常支持	1242	81.66%
2. 比较支持	216	14.2%
3. 一般（支持不支持无所谓）	52	3.42%
4. 不太支持	6	0.39%
5. 完全不支持	5	0.33%
本题有效填写人次	1521	

12. 您认为三江源区的地方政府和当地居民是否为保护环境付出了代价？[单选题]

选项	小计	比例
1. 是	1365	89.74%
2. 否	156	10.26%
本题有效填写人次	1521	

13. 如果付出了代价是否需要补偿？[单选题]

选项	小计	比例
1. 是	1234	90.4%
2. 否	131	9.6%
本题有效填写人次	1365	

14. 如果愿意为三江源良好的生态环境支付费用，您个人每年愿意支付的费用是多少？[单选题]

选项	小计	比例
1. 0 元	168	11.05%
2. 5 元以下	145	9.53%

续表

选项	小计	比例
3. 5. 1~10 元	257	16.9%
4. 11~30 元	105	6.9%
5. 31~50 元	151	9.93%
6. 51~70 元	42	2.76%
7. 71~100 元	235	15.45%
8. 101~200 元	194	12.75%
9. 201~300 元	53	3.48%
10. 301~400 元	18	1.18%
11. 401~500 元	54	3.55%
12. 501~600 元	27	1.78%
13. 601~700 元	4	0.26%
14. 701~800 元	1	0.07%
15. 801~900 元	5	0.33%
16. 901 元以上	62	4.08%
本题有效填写人次	1521	

15. 如果您愿意支付费用，您认为哪种支付方式比较好？[单选题]

选项	小计	比例
1. 直接以现金形式捐献到国家有关保护机构并委托专用	327	24.17%
2. 直接以现金形式捐献到三江源管理机构	241	17.81%
3. 愿意包含在旅游景区或景点以门票的形式支付	316	23.36%
4. 以纳税的形式上缴国家统一支配	306	22.62%
5. 其他形式	163	12.05%
本题有效填写人次	1353	

16. 请问您支付费用的原因是什么？请按照您认为的重要程度从大到小填写 1、2、3…… [排序题]

选项	平均综合得分	
为使三江源区独特的自然风光和文化永远存在下去，因为三江源是长江、黄河的发源地，对我有直接的影响	2.14	
为将三江源区生态资源及其独特文化作为一份遗产保留给子孙后代	1.79	
为自己或他人在将来能够有选择性地开发利用三江源区生态资源	0.85	

17. 如果您不想支付费用，主要原因是什么？（可多选）并请按照您认为的重要程度从大到小填写 1、2、3…… [排序题]

选项	平均综合得分	
收入低，没有经济支付能力	3.56	
应由国家和政府承担，不该个人支付	2.25	
担心所支付的费用无法落实到三江源生态环境保护上	1.57	
其他原因	0.81	
三江源距离我太远，它的存在与保护与我没有关系	0.74	
这种支付没有意义或对生态环境保护不感兴趣	0.33	

后　记

无论自然生态系统价值被估算多大，人们都不可能拿它去做交易，从这个角度来看，自然生态系统对人类社会的价值是不可衡量的。自然生态系统价值估算的实际意义在于，从一个量化的角度更易使其被观察到和感知到，或者说更容易聚焦人们对自然生态系统的注意力，进而引起人们对自然生态系统本身的重视，并试图更好地加以保护和利用，这是自然生态系统价值估算的根本目的。

善待自然的积极行动，“天更蓝、草更绿、水更清”的三江源正在向我们走来。

本书基于2013年国家社会科学基金西部项目（13XJY006）：青海三江源区生态系统服务价值与可持续发展研究，尤其是价值评估部分得益于课题成员的辛苦工作，在此列出课题组主要成员名单以示诚挚谢意：殷颂葵、张小红、赵玲、李双辰、章瑞雪、张雨露、张程。另外，对在本书写作过程中提供帮助的陈巧丽、张璟璟、何增梅亦表示真诚感谢。

后记

[illegible]